SolidEdge ST10

中文版标准教程

北京百校千企科技有限公司　组编

赵　罘　郭卫东　张云文　编著

机械工业出版社

本书系统地介绍了 SolidEdge ST10 中文版草图绘制、三维建模、装配体设计、工程图设计等方面的功能。本书章节的安排顺序采用由浅入深、循序渐进的原则。在具体写作上，前 5 章介绍软件的基础知识，后 4 章利用一系列内容较全面的范例来使读者了解具体的操作步骤，该操作步骤介绍翔实、图文并茂，能引领读者一步一步完成模型的创建，使读者快速地理解 SolidEdge 软件中的一些抽象的概念和功能。

本书可作为广大工程技术人员学习 SolidEdge 的自学教程和参考书籍，也可作为大专院校计算机辅助设计课程的指导教材。书中的实例文件、操作视频文件和每章的 PPT 文件已放入百度云盘。

图书在版编目（CIP）数据

SolidEdge ST10 中文版标准教程/北京百校千企科技有限公司组编；赵罘，郭卫东，张云文编著．—北京：机械工业出版社，2017.12（2024.8 重印）

ISBN 978-7-111-58370-7

Ⅰ.①S… Ⅱ.①北… ②赵… ③郭… ④张… Ⅲ.①计算机辅助设计 – 应用软件 – 教材 Ⅳ.①TP391.41

中国版本图书馆 CIP 数据核字（2017）第 263591 号

机械工业出版社（北京市百万庄大街 22 号 邮政编码 100037）
策划编辑：母云红 责任编辑：母云红
责任校对：郑 婕 封面设计：张 静
责任印制：单爱军
北京虎彩文化传播有限公司印刷
2024 年 8 月第 1 版第 5 次印刷
184mm×260mm·14.5 印张·343 千字
标准书号：ISBN 978-7-111-58370-7
定价：49.00 元

电话服务 网络服务
客服电话：010-88361066 机 工 官 网：www.cmpbook.com
　　　　　010-88379833 机 工 官 博：weibo.com/cmp1952
　　　　　010-68326294 金 书 网：www.golden-book.com
封底无防伪标均为盗版 机工教育服务网：www.cmpedu.com

前 言
PREFACE

　　SolidEdge 是西门子集团旗下 Siemens PLM Software 公司开发的三维 CAD 软件，采用 Siemens PLM Software 公司自己拥有专利的 Parasolid 作为软件核心，将普及型 CAD 系统与世界上颇具领先地位的实体造型软件结合在一起，是基于 Windows 平台、功能强大且易用的三维 CAD 软件。其最新版本中文版 SolidEdge ST10 针对设计中的多项功能进行了大量补充和更新，使设计过程更加便捷，更加高效。

　　本书采用通俗易懂、循序渐进的讲解方式，系统地阐述了 SolidEdge 各种工具、命令的使用方法。书中的范例都是编者设计的真实作品，提供了独立、完整的设计制作过程，每个操作步骤都有详尽的文字叙述和精美的图例展示。

　　本书主要采用实例操作讲解的方式来揭示 SolidEdge 的基本功能，主要内容包括：

　　1）基础知识。包括基本功能和软件的基本操作方法。

　　2）草图绘制。讲解二维草图的绘制方法。

　　3）三维特征建模。讲解三维建模特征命令的含义。

　　4）装配体设计。讲解由零件建立装配体的方法。

　　5）工程图设计。讲解制作符合国标标准的工程图方法。

　　6）二维草图实例。讲解二维草图的绘制过程。

　　7）三维建模实例。讲解三维模型的建立过程。

　　8）装配体实例。讲解三维零件的虚拟装配过程。

　　9）工程图实例。讲解工程图的制作过程。

扫一扫

下载讲解视频、源文件、PPT

　　本书将案例制作过程制成视频进行讲解，讲解形式活泼、方便、实用，方便读者学习使用。讲解视频以及所有实例的源文件、每章的 PPT 文件均上传至百度云盘（https://pan. baidu. com/s/1RAMQeOONMpEl6XJPhXKVuQ，或扫描二维码直接登录百度云盘下载，密码：g45g）。

　　本书由北京百校千企科技有限公司组编，赵罘、郭卫东、张云文编著。

　　本书适用于 SolidEdge 的初、中级用户，可以作为理工科高等院校相关专业的学生用书和 CAD 专业课程实训教材、技术培训教材，适合工业、企业的产品开发和技术部门人员阅读学习。

　　由于水平有限，书中难免会有疏漏和错误之处，恳请广大读者提出宝贵意见，联系电子邮箱是 info@ greenpowerchina. com、cmpbookmu@ 126. com。

编　者

目　录

CONTENTS

第1章

认识SolidEdge

本章主要介绍 SolidEdge ST10 中文版的基础知识，包括软件的背景、特点、文件的基本操作和鼠标的使用方法等。基本操作命令的使用直接关系到软件使用的效率，也是以后学习的基础。

1.1　SolidEdge 概述

本章首先对 SolidEdge 的背景及其主要设计特点进行简单介绍，使读者对该软件有个大致的认识。

1.1.1　软件背景

SolidEdge 是 Siemens PLM Software 公司的三维 CAD 软件，采用拥有专利的 Parasolid 作为软件核心，是基于 Windows 平台、功能强大且易用的三维 CAD 软件。该软件适用于机械装配、零件建模、图纸生成和模拟。SolidEdge 通过推理逻辑和决策管理概念来捕获工程师的实体建模设计意图，从而大大提高了 CAD 用户的工作效率。通过同步建模技术，可以修改任何模型的设计，而不必知道模型的构造方式。

1.1.2　软件主要特点

1. 快速、灵活的三维建模

SolidEdge 基于 Siemens PLM Software 自己拥有的 Parasolid 和 D-Cubed 技术而开发。由于采用该公司的核心技术，SolidEdge 能够发挥其潜能，开发和提供更为直观、易用的设计工具，SolidEdge 提供了 DirectEditing（直接编辑）功能，这在同级别软件中是绝无仅有的。通过该功能，可以编辑复杂的参数化模型，而无须依赖历史树，从而简化了设计过程。通过直接编辑，还可以编辑从 Pro/Engineer、Solidworks、Inventor 或 Mechanical Desktop 软件导入的 3D 模型以及 IGES 或 STEP 格式数据。

2. 强大的大装配管理模式

SolidEdge 率先引入了"简化装配"这一概念，可以使性能最大化并且不会限制用户交互。通过创新性的功能选项，可以先导航整个装配树结构，然后排除干扰，将暂时不需要关心的零部件"隐形"，从而将注意力放在工作零部件上。

3. 针对专业领域的设计模块

SolidEdge 提供了定制、集成的模块来提高设计效率，定制的设计模块包括以下内容。

- 钢结构设计：用于开发刚性框架结构。
- 焊接件设计：用于提高焊件的设计及文档化速度。
- 管道系统：在 SolidEdge 装配里快速布管并对其进行建模处理。
- 线束设计：用于创建电线和线束的全套工具。
- 模具设计：能够快速、容易地设计塑胶注塑膜。
- 标准零件库：允许设计人员对共用零件进行定义、存储、选择和定位。
- 照片级艺术效果渲染：提供真实的渲染功能。

4. 强大的二维制图功能

SolidEdge 可根据三维模型自动创建和更新图纸，迅速创建标准视图和辅助视图，包括截面视图、局部放大视图、断面视图、ISO 视图等。设计者能够选择多种不同的显示方式，诸如阴影方式，尽可能地表达设计意图，使交流沟通异常方便。当零件或装配件发生改动时，相关图纸会自动更新。

5. 逼真的图片渲染和动画展示

SolidEdge 提供运动仿真工具用于评估原型，提供高级功能用于显示装配、拆装顺序，并且提供一个高级的渲染环境创建逼真的情景，对产品使用环境进行仿真。SolidEdge 里面的爆炸和运动仿真功能能够帮助团队沟通设计理念，表述大的复杂装配，在维修手册中创建技术插图，同时用动态三维运动文件更轻松地传递更清楚的装配制造指导和培训视频。

6. 内置的有限元分析软件

SolidEdge 内置有限元分析软件 FemapExpress，使设计师可以快速、准确地分析和验证零件，在确保产品质量的同时降低成本。通过在设计周期的早期引入分析，SolidEdge 用户可以确保他们的产品足够好并符合设计意图，避免产品质量问题导致的损失。

7. 支持供应链协同

SolidEdge 可以输出 JT 格式数据，同时使用 JT 可以直接打开来自其他软件系统的单个部件或者整个装配的文件。JT 目前在全球拥有超过 400 万用户，是经过实践检验的技术并被广泛接受为协同的标准，它允许供应链中的任何一方共享智能的三维数据，而与创建该文件的 CAD 系统无关。

1.1.3 启动 SolidEdge

启动 SolidEdge 有两种方式。

（1）双击桌面的快捷方式图标 。

（2）单击【开始菜单】|【所有程序】|【SolidEdgest10】图标。

启动后的 SolidEdge ST10 界面如图 1-1 所示。

1.1.4 界面功能介绍

SolidEdge 用户界面包括快速访问工具栏、提示条、路径查找器等菜单。功能区包含了所有 SolidEdge 命令，工具栏可根据文件类型（零件、装配体、工程图）来调整、放置并设定其显示状态，SolidEdge 操作界面如图 1-2 所示。

图 1-1　SolidEdge ST10 启动后的界面

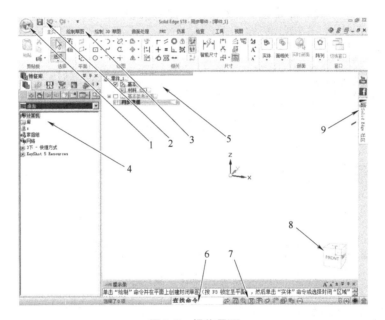

图 1-2　操作界面

SolidEdge 操作界面各个区域功能如下。

1 区：【应用程序】按钮。显示【应用程序】菜单，通过此菜单，可以访问所有文档级别的功能、模板和标准。使用【应用程序】菜单底部的 SolidEdge 选项按钮，可以指定单位、文件位置、颜色和尺寸样式。

2 区：快速访问工具条。显示常用的命令，使用下面所示的"定制快速访问工具条"，箭头，可以显示附加选项。

3 区：功能区。按选项卡、组或环境来安排命令，有些命令按钮包含分割按钮、拐角按钮、复选框以及显示子菜单和资源板的其他控件。

4 区：提示条。这是一个可滚动和可移动的停靠窗口，其中显示了与所选命令有关的提示和消息。

5 区：路径查找器。提供了用于识别和选择模型元素的快速方法，提供顺序建模和同步建模环境之间的转换。

6 区：命令查找器。在用户界面中查找命令。

7 区：视图工具。可用于快速访问视图控制命令：缩放、适合、平移、旋转、视图样式和已保存的视图。

8 区：快速查看立方体。根据在立方体上单击的内容来更改模型视图方向。

9 区：用户帮助功能。提供对 SolidEdge 帮助、教程和自主培训课程的访问。

1.2　SolidEdge 的文件操作

1.2.1　新建文件

在 SolidEdge 的主窗口中单击窗口左上角的【应用程序按钮】│【新建】按钮，即可弹出如图 1-3 所示的【新建】窗口，在该窗口中选择【gb metric part. par】按钮，即可得到 SolidEdge 典型用户界面。

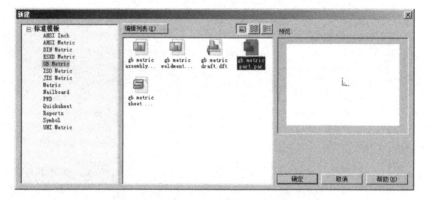

图 1-3　"新建"窗口

窗口中的按钮的主要功能如下。

- **标准模板** 标准模板：显示制图标准以及基于该标准的预定义测量单位。
- **编辑列表 (E)...** 编辑列表：打开模板列表创建对话框。
- **大图标**：显示文档的大图标。
- **列表**：以列的形式列出文档名。
- **详细信息**：显示文件夹内容的详细视图。
- **预览**：显示文件中保存的位图。

SolidEdge 软件可分为零件、装配体、工程图、钣金和焊接这 5 个模块，针对不同的功能模块，其文件类型各不相同。如果准备新建零件文件，在【新建】窗口中，单击【gb metric part. par】按钮，再单击【确定】按钮，即可新建一张空白的零件文件，后续保存文件时，系统默认的扩展名为列表中的 . par。

1.2.2 打开文件

单击【应用程序按钮】|【打开】按钮，打开已经存在的文件并对其进行编辑操作，如图 1-4 所示。

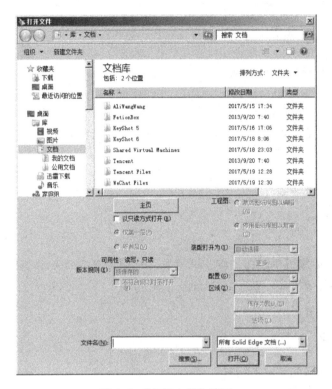

图 1-4 "打开文件"窗口

在【打开文件】窗口里，系统会默认前一次读取的文件格式，如果想要打开不同格式的文件，请打开"文件类型"下拉列表，然后选取适当的文件类型即可。过滤列表中显示的文件的类型。

- 工程图文档（*.dft）：当设置为此项时显示工程图文档。
- 装配文档（*.asm）：当设置为此项时显示装配文档。
- 零件文档（*.par）：当设置为此项时显示零件文档。
- 钣金文档（*.psm）：当设置为此项时显示钣金文档。
- 焊接文档（*.pwd）：当设置为此项时显示焊接文档。
- JT 文档（*.jt）：在 Teamcenter 管理的环境中进行设置后，显示 JT 文档。

1.2.3 保存文件

单击【快速访问工具条】|【保存】按钮，在弹出的对话框中输入要保存的文件名，以及设置文件保存的路径，便可以将当前文件保存。或者选择【快速访问工具条】|【另存为】按钮，弹出【另存为】窗口，如图 1-5 所示。在【另存为】窗口中更改将要保存的文件路径后，单击【保存】按钮即可将创建好的文件保存在指定的文件夹中。

图1-5 "另存为"窗口

1.3 鼠标常用方法

鼠标在 SolidEdge 软件中的应用频率非常高，可以用其实现平移、缩放、旋转、绘制几何图素以及创建特征等操作。基于 SolidEdge 系统的特点，建议读者使用三键滚轮鼠标，在设计时可以有效地提高设计效率。

1.3.1 鼠标左键

鼠标左键包含的功能有以下内容。
- 通过单击选择元素。
- 通过拖动围栏来选择多个元素。
- 拖动选择的元素。
- 单击或拖动以绘制元素。
- 选择命令。
- 双击以激活嵌入的或链接的对象。

1.3.2 鼠标中键

鼠标中键包含的功能有如下内容。
- 显示快捷菜单。快捷菜单因上下文而异，即菜单中的命令随光标位置以及所选元素（如果有的话）的不同而有所变化。
- 重新开始命令。
- 如果单击并按住鼠标右键，则可以显示圆盘菜单，其中包含与正在使用的环境有关的命令。

1.3.3 鼠标右键

鼠标右键包含的功能有如下几项。

- 旋转视图。按住鼠标中键并拖动，让视图绕模型范围的中心旋转。
- 在以下某项上单击鼠标中键，以指定旋转点或轴。
  - 单击空白处：清除上一个点或轴。
  - 单击顶点：指定该位置作为旋转点。
  - 单击线性边：指定该边作为旋转轴。
  - 单击面：指定投影到该面的点作为旋转点。
  - 单击圆、圆弧或圆锥形边：指定由圆或圆弧中心的法线定义的旋转轴。
  - 单击其他边：指定投影到该边的点作为旋转点。
- 平移视图。拖动鼠标中键时按住 Shift 键可平移视图。
- 缩放。滚动鼠标滚轮放大或缩小。
- 缩放区域。拖动鼠标中键时按 Alt 键可缩放区域。
- 双击：适合视图。

第2章

草图绘制

2.1 进入草图绘制状态

在使用草图绘制命令前，首先要了解草图绘制的基本概念，以更好地掌握草图绘制和草图编辑的方法。本节主要介绍草图的基本操作并认识草图绘制工具栏。

可在坐标系的主平面、参考平面或零件的平的面上绘制草图。所绘制的第一个草图必须是闭合的草图区域，且其通常是在基本坐标系（A）的三个主平面中的一个上绘制。系统默认有三个绘图平面：前视图、右视图和俯视图，如图2-1所示。

图2-2为常用的【草图】工具栏，工具栏中有绘制草图命令按钮、编辑草图命令按钮及其他草图命令按钮。

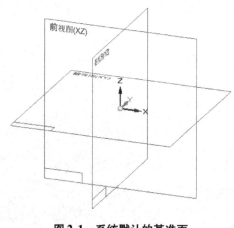

图 2-1　系统默认的基准面　　　　　图 2-2　"草图"工具栏

单击【草图】按钮，然后选择一个参考平面或平的面时，轮廓视图就会显示。然后就可以使用绘图命令绘制 2D 几何体。

2.2 草图命令

2.2.1 直线命令

使用直线命令绘制可以相互垂直或相切的连续的一组直线。直线命令条如图2-3所示。

图 2-3 "直线"命令条

命令条的部分选项如下。

- 自动 ▼ 样式：设置活动样式。
- 线条颜色：设置绘图颜色。
- 线型：设置绘制线型和样式。
- 线宽：设置线宽。
- 直线：将绘图模式由圆弧切换为直线。也可以使用键盘上的 L 键。
- 圆弧：将绘图模式由直线切换为圆弧。也可以使用键盘上的 A 键。
- 长度(L) .00 mm 长度：在编辑过程中设置直线的长度。
- 角度(A) .00 ° 角度：在编辑过程中设置方位角，零度表示与 X 轴平齐，角度

按逆时针方向增大。

- 投影线：指定所选的线为投影线。
- 投影线线型：指定投影线线型。

2.2.2 圆弧命令

该命令使用三个点或相关条件画出一段圆弧。圆弧命令条如图 2-4 所示。

图 2-4 "圆弧"命令条

命令条的部分选项如下。

- 半径(R) .00 mm 半径：设置半径。
- 扫掠(S) .00 ° 扫掠：设置扫掠角度。

2.2.3 点命令

使用点命令可以绘制一个点。点命令条如图 2-5 所示。

图 2-5 "点"命令条

命令条的部分选项如下。

- X .00 mm X：设置 X 坐标的值。可以单独使用此选项，也可以将它与 Y 选

项配合使用。

9

- Y: `.00 mm ▼` Y：设置 Y 坐标的值。可以单独使用此选项，也可以将它与 X 选项配合使用。

2.2.4 圆命令

该命令使用三个点或相关条件来绘制圆。圆命令条如图 2-6 所示。

图 2-6 "圆"命令条

命令条的部分选项如下。

- 直径(D): `.00 mm ▼` 直径：设置圆的直径。
- 半径(R): `.00 mm ▼` 半径：设置半径。

2.2.5 矩形命令

该命令使用两个点或相关条件绘制一个矩形。矩形命令条如图 2-7 所示。

图 2-7 "矩形"命令条

命令条的部分选项如下。

- 宽度(D): `.00 mm ▼` 宽度：设置矩形或正方形的宽度。
- 高度(H): `.00 mm ▼` 高度：设置矩形或正方形的高度。
- 角度(A): `.00 °▼` 角度：设置元素的方向角度，零度表示与 X 轴平齐，角度按逆时针方向增大。

2.2.6 中心创建多边形命令

该命令可用两个点绘制一个 2D 多边形。多边形命令条如图 2-8 所示。

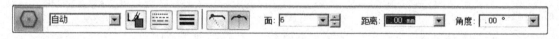

图 2-8 "多边形"命令条

命令条的部分选项如下。

- 按顶点：指定通过中心和顶点绘制多边形。
- 按中点：指定通过中心和边的中点绘制多边形。
- 面:6 面：指定多边形的边数。
- 距离: `.00 mm ▼` 距离：指定多边形中心与顶点或中点的距离。
- 角度: `.00 °▼` 角度：指定多边形的角度。

2.2.7　椭圆命令

该命令使用三个边缘点来绘制椭圆。椭圆命令条如图 2-9 所示。

图 2-9　"椭圆"命令条

命令条的部分选项如下。

- 主(P): ⎡.00 mm⎤ 主：设置主轴的长度。椭圆方向根据主轴确定。
- 次(S): ⎡.00 mm⎤ 次：设置从轴的长度，从轴与主轴垂直。
- 角度(A): ⎡.00 °⎤ 角度：设置椭圆主轴的角度。

2.2.8　圆角命令

该命令在两个元素之间绘制一个圆角。圆角命令条如图 2-10 所示。

图 2-10　"圆角"命令条

命令条的部分选项如下。

- ⎡ 不修剪：放置圆角，但不修剪选择的元素。
- 半径(R): ⎡.00 mm⎤ 半径：指定想用来创建圆角的两个元素之间的半径。

2.2.9　对称偏置命令

该命令可从选择的中心线对称地绘制几何体的偏置。对称偏置命令条如图 2-11 所示。

图 2-11　"对称偏置"命令条

命令条的部分选项如下。

- 对称偏置选项：访问对称偏置选项对话框。
- 选择步骤：指定要偏置以构造对称偏置的元素。
- 选择：设置用于对称偏置操作的工具选择方法。
- 距离: ⎡6.35 mm⎤ 距离：设置偏置距离。
- ⎡链⎤ 链：允许选择一连串元素来创建对称偏置。
- 接受（复选标记）：接受选择。
- 取消选择（x）：清除选择。

2.2.10 倒斜角命令

该命令可以在两个线性元素之间绘制倒斜角或斜角。倒斜角命令条如图 2-12 所示。

图 2-12 "倒斜角"命令条

命令条的部分选项如下。

● 角度(A)：角度：测量倒斜角与第一个线性元素的夹角。

● 深度 A：深度 A：指定从角到选择的第一个线性元素上的倒斜角起点之间的距离。

● 深度 B：深度 B：指定从角到选择的第二个线性元素上的倒斜角起点之间的距离。

2.2.11 移动命令

该命令将元素从一个位置移动至另一个位置。移动命令条如图 2-13 所示。

图 2-13 "移动"命令条

命令条的部分选项如下。

● 复制：复制选项集内的元素。

● 步长：步长值：增大或减小命令条框中显示的值。

● X：X 坐标：设置 X 坐标的值。

● Y：Y 坐标：设置 Y 坐标的值。

2.2.12 旋转命令

该命令将一个或多个 2D 元素绕指定的点旋转精确的距离或角度。旋转命令条如图 2-14 所示。

图 2-14 "旋转"命令条

命令条的部分选项如下。

● 复制：复制选项集内的元素。

● 步进：角度步幅：指定旋转角度步幅。

● 角度：旋转角度：通过设置旋转轴的角度定义旋转结束点。

● 位置：定位角度：通过设置旋转参考轴的角度定义旋转起始点。

2.2.13 镜像命令

该命令围绕定义的直线或轴镜像所选的一个或多个元素。镜像命令条如图 2-15 所示。

命令条的部分选项如下。

图 2-15 "镜像"命令条

- 复制：镜像并复制选项集中的元素。
- 角度： .00 ° 定位角度：设置镜像轴

的角度。

2.2.14 缩放命令

该命令根据定义的比例因子缩小或放大选择的元素，这个比例因子在 X 轴和 Y 轴上是相同的。缩放命令条如图 2-16 所示。

图 2-16 "缩放"命令条

命令条的部分选项如下。

- 复制：按比例缩放并复制选项集内的元素。
- 步长： .000 步长：指定比例因子的步长值。
- 比例：1.000 比例因子：指定软件缩小或放大元素的程度。介于 0 与 1 之间的比例因子用于缩小；大于 1 的比例因子用于放大。
- 参考：36.25 mm 参考：指定从缩放原点延伸到光标位置的动态直线必须要有多长才能使比例因子达到 1。

2.2.15 填充命令

该命令将填充图案放置在闭合边界内。填充命令条如图 2-17 所示。

图 2-17 "填充"命令条

命令条的部分选项如下。

- 样式：列出并应用可用的样式。
- 图案颜色：应用图案填充的图案线颜色。
- 纯色：对填充应用背景色。
- 重新填充：如果通过绘制新元素来修改填充边界，则"重新填充"按钮将重新计算已更改区域的边界，并将填充重新应用到原始边界内的区域。
- 角度：45.00 ° 角度：设置填充的角度，以活动单位计。
- 间距：3.17 mm 间距：调整填充中的图案线的间距。

第3章

实 体 建 模

三维建模是 SolidEdge 软件三大功能之一。三维建模命令分为两大类，第一类是需要草图才能建立的特征；第二类是在现有特征基础上进行编辑的特征。本章主要介绍各个特征的菜单含义，包括的特征命令有拉伸、旋转、扫掠、放样和螺钉柱等。

3.1 拉伸命令（顺序建模）

将二维草图沿着垂直的方向拉伸成三维实体。拉伸命令条如图 3-1 所示。

图 3-1 "拉伸"命令条

各按钮含义如下。

- 拉伸-拉伸草图：允许从草图中选择或者选择草图轮廓平面。
- 拉伸-绘制轮廓：访问绘图命令以创建轮廓。
- 拉伸-选择方向：选择要创建特征的轮廓的一侧。
- 拉伸-范围：指定特征的范围或深度。
- 拉伸-处理：对特征添加拔模或冠状面处理。
- 拉伸-非对称延伸：在两个相反方向上不均等地延伸特征。
- 拉伸-对称延伸：将特征向相反的两个方向延伸相等的距离。
- 拉伸-贯通：将特征一直延伸过整个零件。
- 拉伸-穿过下一个：将特征延伸到零件外。
- 拉伸-起始/终止范围：为特征范围指定起始和终止曲面。
- 拉伸-有限范围：将特征延伸到指定深度。
- 拉伸-关键点：指定操作定位的关键点类型。

3.2 旋转命令

将二维草图沿着给定的轴线旋转成三维实体。旋转命令条如图 3-2 所示。

图3-2 "旋转"命令条

各按钮含义如下。

- 旋转-草图：允许从草图中选择或者选择草图轮廓平面。
- 旋转-绘制轮廓：访问绘图命令以创建轮廓。
- 旋转-选择方向：选择要创建特征的轮廓的一侧。
- 旋转-范围：指定特征的范围或深度。
- 旋转-非对称延伸：在两个相反方向上不均等地延伸特征。
- 旋转-对称延伸：将特征向相反的两个方向延伸相等的距离。
- 旋转-关键点：指定操作定位的关键点类型。
- 旋转-旋转360°：将特征旋转360°。
- 旋转-有限范围：将特征旋转到一个指定的距离。

3.3 扫掠命令（顺序建模）

将二维草图沿着选定的路径方向拉伸成三维实体。扫掠命令条如图3-3所示。

图3-3 "扫掠"命令条

各按钮含义如下。

- 扫掠拉伸-扫掠：指点一个或多个横截面/轮廓扫掠。
- 扫掠拉伸-路径：定义用于扫掠横截面的路径。
- 扫掠拉伸-横截面：定义将用于扫掠的横截面。
- 扫掠拉伸-轴：控制横截面扭曲。
- 扫掠拉伸-草图：允许从草图中选择或者选择草图轮廓平面。
- 扫掠拉伸-绘制轮廓：访问绘图命令以创建轮廓。
- 扫掠拉伸-定义起点：指定横截面上的一个点，它将对应邻近横截面上的起点。
- 从草图/零件边选择 扫掠拉伸-创建起始源：指定用于创建轮廓的平面类型。一些特征允许从现有的草图中选择元素。
  - 选择：链 扫掠拉伸-选择类型：设置选择元素的方法。
  - 扫掠拉伸-设置横截面顺序：指定顺序，特征将按此顺序通过横截面。

3.4 放样拉伸命令

将几个不同平面的草图自动过渡成三维实体。放样拉伸命令条如图 3-4 所示。

图 3-4 "放样拉伸"命令条

各按钮含义如下。

- 放样拉伸-横截面：添加和修改横截面。
- 放样拉伸-引导曲线：为特征定义引导曲线。
- 放样拉伸-范围：指定一个有限或封闭的放样特征。
- 放样拉伸-草图：允许从草图中选择或者选择草图轮廓平面。
- 放样拉伸-绘制轮廓：访问绘图命令以创建轮廓。
- 放样拉伸-定义起点：指定横截面上的一个点，它将对应邻近横截面上的起点。
- 从草图/零件边选择 放样拉伸-创建起始源：指定用于创建轮廓的平面类型。一些特征允许从现有的草图中选择元素。
  - 选择: 链 放样拉伸-选择类型：设置选择元素的方法。
  - 放样拉伸-设置横截面顺序：指定顺序，特征将按此顺序通过横截面。

3.5 螺钉柱命令

在指定位置生成螺钉柱特征。螺钉柱命令条如图 3-5 所示。
各按钮含义如下。
- 螺钉柱-螺钉柱：显示螺钉柱选项对话框。

图 3-5 "螺钉柱"命令条

- 螺钉柱-平面：选择螺钉柱的平面。
- 螺钉柱-螺钉柱：在所选平面上定义螺钉柱的位置。
- 螺钉柱-范围：指定螺钉柱的范围或深度。

3.6 通风口命令

在指定区域生成通风口特征。通风口命令条如图 3-6 所示。
各按钮含义如下。
- 通风口-通风口：显示通风口选项对话框。

图 3-6 "通风口"命令条

- 通风口-选择边界：从草图中选择通风边界。
- 通风口-选择肋板：从草图中选择通风肋板。
- 通风口-选择纵梁：从草图中选择通风纵梁。
- 通风口-范围：指定特征的范围或深度。
- 选择：链 通风口-选择类型：设置选择元素的方法。

3.7 螺纹命令（顺序建模）

在指定的圆柱上生成螺纹。螺纹命令条如图 3-7 所示。

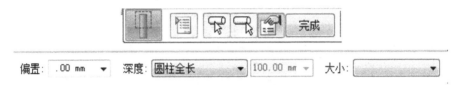

图 3-7 "螺纹"命令条

各按钮含义如下。

- 螺纹-螺纹：指定直螺纹或锥螺纹。
- 螺纹-选择圆柱：选择要添加螺纹参考尺寸的圆柱。
- 螺纹-选择圆柱端：选择圆柱体的一端，将由此偏置螺纹。
- 偏置： .00 mm ▼ 螺纹-从端面偏置：指定螺纹线从圆柱体端面偏置的距离。
- 深度：圆柱全长 ▼ 100.00 mm ▼ 螺纹-长度方法：指定螺纹长度的方法。
- 大小： ▼ 螺纹-尺寸：列出可用的螺纹尺寸。

3.8 肋板命令

通过直线生成肋板特征。肋板命令条如图 3-8 所示。

图 3-8 "肋板"命令条

各按钮含义如下。

- 肋板-草图：允许从草图中选择或者选择草图轮廓平面。
- 肋板-绘制轮廓：访问绘图命令以创建轮廓。
- 肋板-方向：指定特征的延伸方向。
- 肋板-选择方向：选择要创建特征的轮廓的一侧。
- 肋板-延伸轮廓：延伸轮廓平面中的几何图形，以便与现存零件几何图形相交。
- 肋板-不延伸：不延伸轮廓几何形状，以免与现有轮廓几何形状相交。
- 肋板-延伸到下一个：将肋板特征延伸到零件的下一个表面。
- 肋板-有限深度：将肋板特征延伸到指定深度。

3.9 倒斜角命令

将模型的边线制作成倒角。倒斜角命令条如图 3-9 所示。

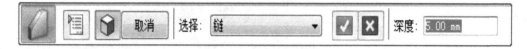

图 3-9 "倒斜角"命令条

各按钮含义如下。

- 倒斜角-倒斜角：指定倒斜角的倒角深度类型。
- 倒斜角-选择边：在零件上选择边。
- 倒斜角-选择类型：选择设置元素的方法。
- 倒斜角-倒斜角深度：指定倒斜角与边的距离。

3.10 倒圆命令（顺序建模）

将模型的边线倒成圆角。倒圆命令条如图 3-10 所示。

图 3-10 "倒圆"命令条

各按钮含义如下。

- 倒圆-倒圆：将倒圆半径设置为恒定半径、可变变量或倒圆。
- 倒圆-倒圆参数：指定倒圆的溢出属性。
- 倒圆-选择：在零件上选择要进行倒圆的元素。
- 倒圆-拐角软倒圆：指定倒圆中拐角处的回切值。

- 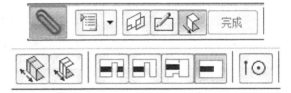 倒圆-形状：设置倒圆的形状。

3.11 槽命令（顺序建模环境）

在草图轮廓基础上制作键槽特征。槽命令条如图 3-11 所示。

各按钮含义如下：

- 槽-槽：显示槽选项对话框。
- 槽-草图：允许从草图中选择或选择轮廓草图平面。
- 槽-绘制轮廓：访问绘图命令以创建轮廓。

图 3-11 "槽"命令条

- 槽-范围：指定特征的范围或深度。
- 槽-非对称延伸：在两个相反方向上不均等地延伸特征。
- 槽-对称延伸：将特征向相反的两个方向延伸相等地距离。
- 槽-贯通：将特征一直延伸过整个零件。
- 槽-穿过下一个：将特征延伸到零件外。
- 槽-起始/终止范围：为特征范围指定起始和终止曲面。
- 槽-有限范围：将特征延伸到指定深度。
- 槽-关键点：指定操作定位的关键点类型。

3.12 孔命令（顺序建模）

在指定位置处打孔。孔命令条如图 3-12 所示。

图 3-12 "孔"命令条

各按钮含义如下。

- 打孔-打孔：定义孔的尺寸和类型。
- 打孔-选择平面：选择此命令所需的平面或面。
- 打孔-孔定位：在选定的平面上定位孔轮廓。
- 打孔-范围：指定特征的范围或深度。
- 打孔-贯通：将特征一直延伸过整个零件。
- 打孔-穿过下一个：将特征延伸到零件外。
- 打孔-起始/终止范围：为特征范围指定起始和终止曲面。
- 打孔-有限范围：将特征延伸到指定深度。

3.13 螺旋除料/拉伸命令

在圆柱面上制作螺旋槽。螺旋除料命令条如图 3-13 所示。

图 3-13 "螺旋除料"命令条

各按钮含义如下。

- 螺旋除料-螺旋：为螺旋指定平行横截面或垂直横截面的方向。
- 螺旋除料-轴和横截面：访问绘图命令以创建特征的轴和横截面。
- 螺旋除料-绘制轴和横截面：访问绘图命令以创建特征的轴和横截面。
- 螺旋除料-起点：指定螺旋轴线的起点。
- 螺旋除料-参数：指定螺旋的螺距和参数。
- 螺旋除料-范围：指定特征的范围和深度。

3.14 凹坑命令

通过草图生成压凹特征。凹坑命令条如图 3-14 所示。

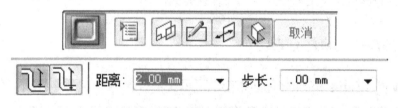

图 3-14 "凹坑"命令条

各按钮含义如下。

- 凹坑-凹坑：显示凹坑选项对话框。
- 凹坑-草图：允许从草图中选择或选择草图轮廓平面。
- 凹坑-绘制轮廓：访问绘图命令以创建轮廓。
- 凹坑-选择方向：选择要创建特征的轮廓的一侧。
- 凹坑-范围：指定特征的范围或深度。
- 凹坑-偏置尺寸：从指定的面到特征的近侧标注尺寸。
- 凹坑-完全尺寸：从指定的面到特征的远侧标注尺寸。

3.15 加强筋命令

通过草图轮廓生成加强筋特征。加强筋命令条如图 3-15 所示。

各按钮含义如下。

-  加强筋-加强筋：显示加强筋选项对话框。

图 3-15 "加强筋"命令条

- 加强筋-草图：允许从草图中选择或选择草图轮廓平面。

- 加强筋-绘制轮廓：访问绘图命令以创建轮廓。

- 加强筋-选择方向：选择要创建特征的轮廓的一侧。

3.16 折弯命令

在钣金操作中实现转折钣金的功能。折弯命令条如图 3-16 所示。

图 3-16 "折弯"命令条

各按钮含义如下。

- 折弯-折弯：显示折弯选项对话框。
- 折弯-草图：允许从草图中选择或选择草图轮廓平面。
- 折弯-绘制轮廓：访问绘图命令以创建轮廓。
- 折弯-折弯位置：指定折弯相对于轮廓的位置。
- 折弯-移动侧：选择将被折弯的移动侧。
- 折弯-折弯方向：选择折弯方向。
- 折弯-从轮廓起：定位邻近与平面轮廓上的折弯。
- 折弯-材料在内：通过材料的移动侧放在轮廓内部来定位折弯。
- 折弯-材料在外：通过材料的移动侧放在轮廓外部来定位折弯。

3.17 二次折弯命令

在钣金操作中实现第二次转折钣金的功能。二次折弯命令条如图 3-17 所示。

图 3-17 "二次折弯"命令条

各按钮含义如下。

- 封闭二折弯角-选择折弯：选择一对折弯面以定义弯角。

- 封闭二折弯角-封闭：封闭选定的弯角。
- 封闭二折弯角-重叠：将选定的第一弯折和第二弯折重叠。

3.18　轮廓弯边命令

以草图为边界转折钣金。轮廓弯边命令条如图 3-18 所示。

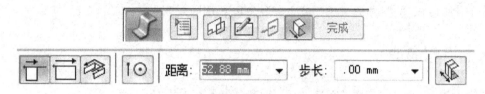

图 3-18　"轮廓弯边"命令条

各按钮含义如下。

- 轮廓弯边-轮廓弯边：显示轮廓弯边选项对话框。
- 轮廓弯边-草图：允许从草图中选择或选择草图轮廓平面。
- 轮廓弯边-绘制轮廓：访问绘图命令以创建轮廓。
- 轮廓弯边-选择方向：选择要创建特征的轮廓的一侧。
- 轮廓弯边-范围：指定特征的范围或深度。
- 轮廓弯边-有限范围：将轮廓弯边延伸有限的距离。
- 轮廓弯边-到末端：将轮廓弯边延伸到指定边的末端。
- 轮廓弯边-链：沿指定的一组边延伸弯边。
- 轮廓弯边-关键点：指定操作定位的关键点和类型。
- 轮廓弯边-对称延伸：将特征向相反的两个方向延伸相等的距离。

3.19　卷边命令

将钣金的边缘折叠起来。卷边命令条如图 3-19 所示。

图 3-19　"卷边"命令条

各按钮含义如下。

- 卷边-卷边：显示卷边选项对话框。
- 卷边-选择边：为卷边特征选择边。
- 卷边-材料在内：在轮廓内侧创建卷边。
- 卷边-材料在外：在轮廓外侧创建卷边的材料厚度。
- 卷边-折弯在外：在轮廓外侧创建卷边。

第4章
装配体设计

装配体设计是 SolidEdge 软件三大功能之一，是将零件在软件环境中进行虚拟装配，并可进行相关的分析。SolidEdge 可以为装配体文件建立产品零件之间的配合关系，并具有干涉检查和装配统计等功能。本章主要介绍装配体设计基础知识、建立配合、干涉检查、装配体统计。

4.1 基本装配步骤

（1）首先使用装配体模板创建一个新的装配文档，装配文档采用 .asm 文件扩展名。

（2）在装配中放置第一个零件，方法是将它从零件库里拖入装配工作空间中，此操作将固定第一个零件。

（3）通过从零件库向装配工作空间拖动零件在装配中放置第二个零件，此操作自动打开装配命令，并显示装配命令条。

（4）使用装配命令条上的装配关系选项，选择并应用定位零件所需的关系。

（5）应用关系后，可以应用更多关系来完全定位放置的零件。

（6）生成装配报告。选择【工具】选项卡→【助手】组→【报告】命令以打开报告对话框，该对话框用于调入并显示装配中所含零件和子装配的列表。装配报告类型包括零件和子装配的物料清单、管道和接头的列表，或线束部件和连接。

4.2 插入零部件

4.2.1 在装配中放置第一个零件

（1）将零部件置于装配体中的方法是将该零部件从【零件库】或【窗口资源管理器】拖入装配体中。

（2）要启动零件放置过程，应在【零件库】选项卡中选择需要的零件，然后将它拖入装配体窗口。也可以通过双击【零件库】选项卡中的零件来开始零件的放置过程。

（3）放置到装配中的第一个零件非常重要，它是构建装配的其余部分的基础，因此，第一个零件应代表装配的基本部件。因为要固定放置第一个零件，所以应选取具有已知位置的零件，如框架或基体。

4.2.2　在装配体中装配多个零件

（1）从【零件库】选项卡中将部件、零件和子装配拖至装配文档。要显示【零件库】选项卡，选择【主页】选项卡→【装配】组→【插入部件】按钮。

（2）选择【主页】选项卡→【装配】组→【装配】按钮。

（3）对每个部件、零件和子装配执行以下操作。

① 在【放置零件】命令条的【关系类型】列表中，选择要使用的装配关系。

② 选择要放置的第一个零件的面或其他元素，然后在装配的目标零件上选择一个面或其他元素，以此应用该关系。

③ 右键单击以释放当前零件。

④ 选择要放置的下一个零件。

4.2.3　多次放置同一零件

（1）如果要将同一零件在装配中放置多次，不必每次都使用【零件库】选项卡。在第一次放置零件之后，可以选择它，将它复制到剪贴板，然后将它粘贴到装配中。

（2）当选择【粘贴】命令时，将在一个单独的窗口中显示零件，就像从【零件库】选项卡中选择了它一样，然后就可以在新零件和装配中的其他零件之间应用装配关系。

（3）如果使用同一关系方案在装配体中多次放置零件，则可以使用【捕捉装配关系】命令来存储用于首次定位零件的关系和面。这样会减少再次放置该零件时定义每个关系所需要的步骤数，在以后放置零件时，不必定义要在放置零件上使用的关系和面，只需为每个关系在装配中的目标零件上选择一个面。

4.3　定位零件

使用装配关系，可相对于装配中已有的零件来定位新零件。装配命令条上的【关系类型】选项包含多种装配关系，可用于互相参照定位零件。除传统的装配关系外，【快速装配】选项还减少了使用贴合、面对齐或轴对齐关系定位零件所需的步骤。

4.3.1　装配命令

装配命令用于定位装配中的零件。可使用此命令在装配中定位单个零件，或者使用此命令彼此相对定位几个零件。

4.3.2　装配命令行为

装配命令中包含的操作有以下内容。

● 选定要定位的零件后，该零件将变得透明。该零件完全固定或其他零件被选定后，零件将不再透明。

● 如果在定位零件时，决定要定位另一个零件，则右键单击以释放当前零件。该零件将不再透明，选择的下一零件将变得透明。

● 如果以线框而不是以着色模式工作，将无法获得选定零件的透明视觉效果。因此，建议在使用【装配】命令时，同时采用【带可见边的着色】显示模式。

● 某一零件被选定后，可用鼠标左键将其拖动到一个新位置。选定的零件即为要应用关系的零件，右键单击以释放该零件。

● 要旋转一个无约束的选定零件，请使用 Ctrl + 鼠标左键。

● 快速装配将根据要匹配的两个面最近的方位，确定采用贴合还是平面对齐关系。最好在面被选定前，将选定零件旋转到大致位置。快速装配操作完成后，如果面的位置超出 180°，则单击命令条上的【翻转】按钮。

● 与圆形边的匹配可在一次操作中迅速定位零件，如紧固件。

4.3.3　装配关系

SolidEdge 提供的装配关系见表 4-1。

表 4-1　装配关系

图　标	名　称	链　接
	快速装配	快速装配的优势之一就是能够灵活地与点、线性边、圆形边、顶点、圆柱面和平的面构成关系
	贴合	贴合关系将确保放置零件的选定面与之前放置在装配中的零件的选定面共面
	平面对齐	平面对齐关系用于确保放置零件的平的面在移动中与之前放置零件的平的面保持平行且处于同一方向
	轴对齐	轴对齐关系用于对齐两个圆柱轴、一个圆柱轴和一个线性元素或者两个线性元素
	插入	插入关系通常用于将轴对称零件（例如螺母和螺栓）放置到孔中或圆柱拉伸上
	连接	连接关系用于相对于相关零件、子装配或顶层装配草图中的元素来定位零件
	角度	角度关系用于构成已放置零件的面、边或平面与装配中的面、边或平面之间的成角关系
	相切	相切关系应用于放置零件的球、圆柱、圆锥或环面与装配中某零件的球、圆柱、圆锥、环面或平面之间，用于构成曲面相切的关系
	凸轮	凸轮关系用于允许从动与过渡凸轮曲面保持相切关系
	路径	路径关系用于定义一个零件将沿何路径相对于另一个零件移动
	平行	平行关系用于在两个圆柱轴之间、一个圆柱轴与一个线性元素之间以及两个线性元素之间构成平行关系
	齿轮	齿轮关系用于定义一个零件如何相对于另一个零件移动
	匹配坐标系	匹配坐标系关系用于让所放置零件的基本坐标系或用户定义坐标系的 x、y 和 z 轴与装配中已有零件的坐标系的 x、y 和 z 轴相匹配
	中心平面	中心平面关系用于将某零件置于装配中两个选定元素的正中间
	刚性集	刚性集关系应用于两个或两个以上部件之间，并将它们固定，这样它们的相对位置总是保持不变
	固定	固定命令将对装配中所选定的零件应用固定关系

4.4 阵列零件

可以使用【阵列零件】命令快速地将一个或多个零件或子装配复制到阵列排列中，也可以将现有零件阵列添加到新的零件阵列中。已阵列零件不是使用装配关系定位的，而是根据零件上或装配草图的阵列特征定位的。阵列零件的操作步骤如下。

(1) 选择【主页】选项卡→【阵列】组→【阵列零件】按钮。

(2) 选择要进行阵列的零件。

(3) 在【阵列零件】命令条上，单击【接受】按钮。

(4) 在装配中选择包含想要使用的阵列特征的零件。

(5) 在【装配】窗口中，选择零件上的阵列特征。

(6) 选择在步骤 5 所选阵列上的参考位置。

(7) 在命令条上，单击【完成】按钮。

4.5 镜像部件

镜像部件允许在活动装配中围绕某个平面镜像选定的部件，它们与其父部件相关联。镜像部件使用插入装配副本和零件间副本功能，创建镜像部件的关联副本。

【镜像】命令条将指导完成镜像步骤如下。

(1) 选择部件步骤。

(2) 选择镜像平面步骤。

(3)【镜像部件】对话框中的镜像设置步长。

4.6 辅助功能

4.6.1 创建装配体的爆炸图

使用 SolidEdge 可轻松创建装配体的爆炸图。可以使用在【装配】环境中定义的爆炸图来在【工程图】环境中创建爆炸装配图纸，还可以创建爆炸装配的高质量渲染图像和动画。

自动爆炸装配体的步骤如下。

(1) 单击【工具】选项卡→【环境】组→【ERA】按钮，此应用程序允许定义爆炸图。

(2)【主页】选项卡→【爆炸】组。

(3) 在【自动爆炸】命令条中，使用【选择】选项指定是要爆炸整个装配还是要爆炸所选特定的子装配。

(4) 在【自动爆炸】命令条上，单击【爆炸】按钮。

(5)（为爆炸配置指定名称）在【主页】选项卡→【配置】组中，执行以下操作。

① 选择【当前配置】列表。

② 从【当前显示】中，单击【新建】按钮。

③ 在【新建配置】对话框的【名称框】中，指定配置名称。

4.6.2 装配报告

SolidEdge 可创建提供装配组件信息的报告。可以创建以下报告。

- 装配报告：对于装配体和结构框模型，装配报告列出了模型中的零件和子装配。可以生成以下类型的报告：
  - 物料清单：此报告支持与装配结构相匹配的项号级别。
  - 零件明细表：此报告是显示每个元素数量的简单列表。
- 管道报告：对于管道模型，列出装配中的管道和接头。
- 线束报告：对于线束模型，列出装配中的线束组件和连接。

创建报告的步骤如下。

（1）单击【工具】选项卡→【助手】组→【报告】按钮。

（2）在装配【报告】对话框中，执行以下操作。

① 使用【位于】列表指定希望在报告中加入的零件。

② 选择所需的报告类型。

③ 单击【格式】按钮。

（3）在【格式化报告】对话框中，执行以下操作。

① 选择需要的格式化选项。例如，可以选择字体、设置对齐或显示围绕报告的栅格。

② 单击【选项】按钮。

（4）在选项对话框（装配报告）中，执行以下操作以定义要在报告中看到的列内容和列顺序。

① 使用【添加】和【移除】按钮指定属性（列数据）。

② 使用【上移】和【下移】按钮指定列顺序。

③ 单击【确定】继续。

（5）在【报告输出】对话框中，选择所需的输出选项。例如，可以打印报告、将报告另存为文档、将报告复制到剪贴板或创建新的报告。

4.6.3 干涉检查

检查两个零部件是否共享同一空间。可以选择一个零件，并根据另一个零件检查它，也可以选择一个或多个零件并根据它们自身、所选的第二组零件或装配中的所有零件对它们进行检查。

干涉检查命令条如图 4-1 所示。

命令条含义如下。

- 选项：访问干涉选项对话框。

图 4-1 "干涉检查"命令条

- 选择集一：定义想对其干涉检查的第一个零件集合。

- 选择集二：定义想对其干涉检查的第二个零件集合。

- 处理：启动干涉分析。

第5章

工程图设计

工程图文件是 SolidEdge 设计文件的一种。在一个 SolidEdge 工程图文件中，可以包含多张图纸，这使得用户可以利用同一个文件生成一个零件的多张图纸或者多个零件的工程图。本章主要介绍工程图基本设置、建立工程视图、标注尺寸以及添加注释。

5.1 建立工程图的过程

5.1.1 创建零件图纸的工作流

使用以下步骤可从任意 SolidEdge 零件或钣金文档（. par 和 . psm 文件类型）生成图纸。

（1）使用 ISODraft 模板打开新的工程图文档。

（2）使用【视图向导】创建零件的图纸视图。

（3）（可选）根据需要创建其他视图：向视图、局部放大图、剖视图、断开视图、草图质量视图。

（4）为零件视图标注尺寸。例如，可以从模型中调入尺寸和注释或使用【智能尺寸】命令添加尺寸。

（5）为零件视图添加注释。例如，可以使用这些命令为模型添加注释：放置符号标注，放置标注，放置特征控制框或基准框，放置边状态符号，定义焊接符号，放置表面纹理符号，在图纸视图中自动创建中心线和中心标记，使用边线画笔命令重新绘制、显示或隐藏零件边，使用文本命令向图纸页中添加注释。

（6）保存工程图文档。

（7）打印文档。

（8）当模型更改时，图纸视图将过期。执行以下任意一个操作：使用【更新视图】命令更新灰色框表示的模型的视图。使用【尺寸跟踪器】对话框查看更改的尺寸和注释。

5.1.2 使用零件明细表创建装配图纸的工作流

可以选择装配模型中定义的模型表示以在图纸视图中显示，如爆炸模型显示配置或 PMI 模型视图。

（1）启动图纸视图向导。在装配文档中，执行以下操作。

① 保存装配文档。

② 从应用程序菜单，选择【新建】→当前模型的图纸命令。

③ 在【创建图纸】对话框中，选中【运行图纸视图创建向导】复选框并单击【确定】按钮。

（2）选择装配模型表示。选择视图向导命令条上的【选项】按钮，以打开图纸视图创建向导（图纸视图选项），然后从 .cfg、PMI 模型视图或区域列表中选择下列项之一。

- 要创建爆炸正等测图模型视图，请选择一个已爆炸的模型显示配置。
- 要显示添加到模型的已保存视图中的设计、生产和功能信息，请选择 PMI 模型视图名称。
- 要在大型装配模型的矩形区域中创建设备和组件的用户定义视图，请选择一个区域名称。
- 如果没有预定义的模型表示可供选择或可用于创建用户定义装配视图的任何组合，请选择【无选择】命令。

（3）放置初始视图。默认情况下，装配模型的初始视图是正等测图。可以放置该视图，或者切换到模型的不同视图，方法是在【视图向导】命令条中选择【视图方向】按钮。

（4）向图纸视图应用格式。在放置视图后，可以使用【图纸视图选择】命令条上的选项进行选择和修改。

（5）检索模型尺寸和注释。

- 如果图纸视图是正交视图，则可使用调入尺寸命令将模型中的尺寸和注释提取到图纸中。
- 如果图纸视图是轴测（正等测、正二轴测或正三轴测）视图，则可使用【智能尺寸】命令将 3D 尺寸放置在轴测图纸视图中。

（6）添加符号标注的零件明细表。使用【主页】选项卡→【表】组→【零件明细表】命令创建零件明细表。

5.2　基本设置

5.2.1　图纸页

在创建新的工程图文档（文件后缀名是 dft）时，该文档包含以下类型的图纸。

- 一张或多张工作图纸。工作图纸是用来放置模型的图纸视图的。
- 一张或多张背景图纸。背景图纸包含图纸边界和标题区信息，背景会作为水印印在各背景图纸上，但不会被打印出来。
- 2D 模型图纸。2D 模型图纸是一种特殊的图纸页，可在其中按 1∶1 比例绘图。在创建新的工程图文档时，2D 模型图纸虽然可用，但却不显示。
- 一个或多个表图纸页。尽管表图纸页不随着新的工程图文件一起创建，但它们通过多页零件明细表和表格制作，并出现在图纸页标签托盘中。

所以图纸页都使用位于文档窗口底部的图纸页标签来显示、管理和编辑。当打开一个新的工程图文档时，只能在托盘中看到工作图纸的标签。如果要显示其他类型的图纸，可以在选择图纸页标签后使用快捷命令。

5.2.2　使用图纸页

可以将模型的图纸视图置于文档中同一个图纸页上，也可以置于不同的图纸页上。例如，可以在一张图纸页上放置前视图和右视图，而在另一张图纸页上放置剖视图；或者可以将装配模型的视图置于一个图纸页上，然后将子装配和单个零件的视图置于其他图纸页上。

在 2D 模型图纸上可以绘制几何体并添加尺寸和注释。然后使用 2D 模型命令创建设计的 2D 模型并将其置于活动的工作图纸上。

5.2.3　线型设置

对于视图中图线的线色、线粗、线型、颜色显示模式等，可以利用【线型】工具栏进行设置。

创建定制线型的步骤如下。

（1）使用样式命令打开【修改线型】对话框。

（2）在【修改线型】对话框中，单击【常规】选项卡。

（3）在【类型】列表中，单击【更多】按钮。

（4）在【定制线型】对话框中，指定要为定制线型设置的参数。

（5）单击【创建】按钮。

（6）单击【关闭】按钮。

5.2.4　图层设置

图层和图层显示设置可用于将元素分组，这样就更容易显示和隐藏这些元素并跟踪不同类型的信息。

1. 显示图层

可显示和隐藏不同的图纸元素以控制其可见性。隐藏某层后，则无法看到指定给该层的元素。可以使用图层快捷菜单命令或【图层】选项卡上的【显示图层】或【隐藏图层】按钮显示或隐藏图层。还可使用【设为不可定位】和【设为可定位】快捷命令控制图层上的元素是否可被另一用户选择。

2. 命名层

每个新文档至少包含一个名为【默认】的图层。使用【新建图层】快捷命令或【图层】选项卡上的【新建图层】按钮新建图层时，每个新图层将按以下传统模式自动命名：Layer1、Layer2，依此类推。可使用图层快捷菜单上的【重命名】命令重命名任何图层。通过授予每个层一个描述其内容的名称，可迅速识别和控制图纸元素的可见性。

5.3　建立视图

5.3.1　创建主视图

从现有的正交或轴测图纸视图中创建一个或多个正交或轴测图纸视图。可以从选择的源视图折叠其他视图，具体的操作步骤如下。

（1）选择【主页】选项卡→【图纸视图】组→【主视图】命令。

（2）选择一个图纸视图作为源视图。

（3）执行以下操作之一折叠此视图。

- 要创建正交视图，单击所选视图的左、右、上或下。这将把所选视图折叠成与最近的视图边成 90°角。
- 要创建与所选视图方向相关的轴测图，以对角方式单击所选视图的右上角、左上角、右下角或左下角。

（4）继续放置视图，或右键单击以结束命令。

5.3.2　创建向视图

向视图命令创建一个新零件视图，显示围绕折叠线旋转 90°之后所得到的零件。

（1）选择【主页】选项卡→【图纸视图】组→【向视图】按钮。视图平面线的表示附在光标上。向视图将围绕视图平面线旋转 90°。

（2）在图纸页上来回移动光标。当光标移动到线性元素后，与光标相连的视图平面线将与该元素平行。

（3）执行以下操作之一。

- 单击找到的线条，以便将其定义为视图平面线。
- 单击零件视图中的两个关键点来绘制视图平面线。

（4）将向视图置于要放置的位置，然后单击。将由把视图放置在何处来确定向视图的旋转方向。

5.3.3　创建透视图纸视图

模型视图应用透视时，远处的对象显现得较小。此效果是借助透视角所得的，它可使得透视图比正等测图更真实。在正等测图中，模型中的对象以统一的大小呈现，不论它们与观察者的距离是多远。

（1）单击【主页】选项卡→【图纸视图】组→【视图向导】按钮。

（2）在【选择模型】对话框中，选择零件、钣金或装配文档，然后单击【打开】按钮。

（3）在【视图向导】命令条上，单击【图纸视图布局】按钮。

（4）在【图纸视图创建向导（图纸视图布局）】对话框中，单击【定制】按钮。

（5）在【定制方向】对话框中，移动鼠标时按住鼠标左按键以调整模型方向。当模型的方向接近透视图的期望方向时，释放按键。

（6）在【定制方向】对话框中，执行以下一项操作。

① 单击【透视】按钮，然后从【透视角度】列表选择值。这些值均基于 35mm 摄像机的焦距。纵向（85mm）、标准（50mm）、横向（35mm）、非常宽（10mm）。

② 转鼠标轮时按住 Ctrl + Shift 以更改透视图角度和距离。

③ 单击【透视】按钮，将透视角度应用到视图。

（7）关闭【定制方向】对话框，然后关闭【图纸视图布局】对话框。

（8）在图纸页上，单击以放置视图。

5.3.4　创建圆形局部放大图

可以使用局部放大图命令创建现有图纸视图特定区域的放大视图。可以将细节图想象成聚焦于图纸视图内的特定区域的一面放大镜。创建局部放大图的操作步骤如下。

（1）选择【局部放大图】命令。

（2）（指定局部放大图类型）在【局部放大】命令条中，执行以下操作之一：要创建独立的局部放大图，选择【独立的局部放大图】按钮；要创建相关的局部放大图，清除【独立的局部放大图】按钮。

（3）（指定局部放大图区域形状）在【局部放大】命令条上，验证是否选择了【圆形局部放大图】按钮。

（4）在源图纸视图中，单击想在局部放大图中查看的区域的中心。

（5）移动光标，直到圆形局部放大区域变为所需的大小，然后单击鼠标。

（6）单击以将局部放大图放在图纸上。

5.3.5　创建剖视图

剖视图显示 3D 零件或装配模型的横截面。创建剖视图的操作步骤如下。

（1）单击【主页】选项卡→【图纸视图】组→【剖视图】命令。

（2）单击切割平面。

（3）在命令条上，设置要使用的剖视图选项。

（4）在图纸页上，单击以定位剖视图。

5.3.6　创建旋转剖视图

（1）单击【主页】选项卡→【图纸视图】组→【剖视图】命令。

（2）单击多线的切割平面。

（3）在命令条上，设置旋转剖视图选项。

（4）如果选择的切割平面的第一条线与最后一条线不平行，则单击第一条线或最后一条线以定义剖视图的折角。

（5）在图纸页上，单击以定位旋转剖视图。

5.3.7　创建局部剖视图

使用分解命令可以将零件视图分成几个区域，以便能够显示模型的内部特征。创建局部剖视图的操作步骤如下。

（1）单击【主页】选项卡→【图纸视图】组→【局部剖】按钮。

（2）执行以下所有步骤可绘制剖面轮廓。

① 在工作图纸上，单击用作源视图以定义剖面轮廓的图纸视图。

② 画出定义要分解区域的轮廓线的封闭轮廓。绘制轮廓时，按 Shift 键可以 15°为增量绘制线条。

③ 在功能区中，单击【关闭局部剖视图】按钮。

（3）设置剖面的延伸或深度。

① 将光标置于与绘制轮廓的源视图呈正交关系的图纸视图上，然后将光标从几何体上移过。

② 执行以下操作之一：

■ 要定义关联延伸深度，单击关键点（中心点、端点或中点）或中心线；

■ 要定义非关联延伸深度，可以按 Shift 键的同时单击关键点或中心线；在命令条的【深度】框中输入值，然后按 Enter 键；或在当前视图的自由空间中单击鼠标。

（4）选择想要分解的图纸视图。可以选择绘制轮廓的图纸视图，或者其他图纸视图。

5.3.8 创建断开视图

使用图纸视图快捷菜单中的添加断裂线命令，可定义要在零件视图中完全移除的区域。这允许为细长零件创建一个断开视图，以便可以更大的比例来显示它。创建断开视图的操作步骤如下。

（1）在图纸页上，右键单击主视图或者剖视图。

（2）从快捷菜单中选择【添加断裂线】命令。

（3）在添加断裂线命令条上，执行以下操作。

① 通过选择下列按钮之一指定截断方向：竖直截断——使用竖线定义截断区域；水平截断——使用水平线定义截断区域。

② 单击【断裂线型】按钮，然后选择要使用的断裂线型。

（4）在图纸视图内单击，以定义不想显示的图纸视图部分的起始位置。

（5）将光标移动到不想显示的图纸视图部分的结束位置，然后再次单击。

（6）（可选）重复上述步骤 4 和 5，定义其他区域。

（7）完成截断区域的定义后，单击命令条上的【完成】按钮，以更新图纸视图。

5.4 标注尺寸

5.4.1 标注命令

标注命令放置标注，放置标注前，可以使用标注属性对话框定义标注文本和特殊字符，例如直径和深度符号。可以：键入纯文本；选择与模型相关联的属性文本；添加属性文本格式码以修改属性文本返回的值。

5.4.2 放置标注

（1）在【工程图】环境中，单击【主页】选项卡→【注释】组→【标注】命令。

（2）（指定标注内容）在【标注属性】对话框中，输入标注文本并选择要在其中显示的所有特殊字符。可以使用以下方法输入纯文本和关联属性文本的任意组合。

① 键入纯文本。可向纯文本字符串中添加属性文本。

② 在常规选项卡上，单击符号按钮以指定要显示的其他信息，如直径符号和深度符号。

③ 从特征标注选项卡复制孔标注字符串，并将其粘贴到常规选项卡上的标注文本框中。

④ 通过执行以下任意操作来添加关联的属性文本：单击属性文本按钮，使用选择属性文本对话框选择关联属性；为要插入的符号键入三字符的属性文本代码。

⑤ 添加格式化代码以修改属性文本输出。

（3）单击【确定】按钮接受所做的更改并关闭对话框。

（4）为标注文本和边框指定格式选项。

（5）单击元素或者单击自由空间中的点以放置标注。

5.4.3 定制孔特征标注

在标注、槽或螺纹特征上放置标注后，可以定制使用特征标注按钮提取的信息。一种方法是把属性文本代码添加到标注属性对话框特征标注选项卡的相应框中，另一种方法是将属性文本代码添加至常规选项卡的标注文本框中。

（1）在定义要修改的孔或槽信息的框的特征标注选项卡中，单击以将光标定位至要在标注中显示其他信息的位置。

（2）单击选择【符号】和【值】按钮。

（3）在选择【符号】和【值】对话框中，展开【值】→【特征参考类别】，并向下滚动直到看到要提取的值。

（4）双击包含要提取的孔的属性的行。

（5）单击确定关闭选择符号和值对话框，然后单击【确定】按钮关闭标注属性对话框。

（6）单击要放置标注的孔几何体。

5.5 添加注释

利用注释工具可以在工程图中添加文字信息和一些特殊要求的标注形式。

5.5.1 中心标记

【中心标记】命令添加中心标记的依据是在【中心标记】命令条上选择以下哪个放置选项。

- 在曲线元素（例如圆或圆弧）的中心，如图 5-1 所示。
- 与放置的点相关联，以提供自由空间中的中心标记外观，如图 5-2 所示。
- 在圆弧或直线的中点或端点，如图 5-3 所示。

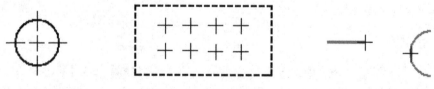

图 5-1　曲线元素中心　　　　图 5-2　中心标记外观　　　　图 5-3　中点或端点

1. 中心标记命令条

中心标记命令条，如图 5-4 所示。

命令条按钮含义如下。

图 5-4　中心标记命令条

- ⊞ 尺寸样式映射：指定由【选项】对话框中尺寸样式选项卡上的设置确定尺寸样式。设置此选项后，【尺寸样式】不可用。
- 国标 ▼ 尺寸样式：列出并应用可用的尺寸标注样式。
- 属性：显示中心线和标记属性对话框。
- ✖ 尺寸轴：指定一条用作尺寸轴的线。
- 水平/竖直 ▼ 方位：指定中心标记的方向，可以将中心标记的方位设为【水平/竖直】，与活动尺寸轴对齐，或由两点定义。
- 关键点连接：支持选择所有元素关键点和点位关系，包括圆弧和直线的中点和端点。
- ⊕ 投影线：在中心标记上显示投影线。

2. 放置中心标记

【中心标记】命令可向任何圆、圆弧、椭圆或自由空间中添加中心标记。还可使用中心标记在元素中标记关键点，例如矩形的端点和中点。

（1）单击【主页】选项卡→【注释】组→【中心标记】按钮。

（2）在【中心标记】命令条中，选择要使用的设置，然后单击以在一个或多个元素中放置中心标记。

5.5.2　中心线命令

基于【中心线】命令条上指定的选项，【中心线】命令在选定的图纸几何元素上放置中心线注释。

1. 中心线放置选项

（1）直中心线。当中心线类型设置为【线】时，可以选择以下任何一个放置选项。

- 两条线的中间，如图 5-5 所示。
- 元素上两个关键点之间，如圆的中心，如图 5-6 所示。

图 5-5　选择两条线　　　　　　　　　**图 5-6　两个关键点**

（2）曲线中心线。当中心线类型设为【圆弧】时，可按以下方式放置中心线。

- 通过选择两个同心圆弧，如图 5-7 所示。
- 通过选择一个中心点、一个起点和一个终点，如图 5-8 所示。

2. 中心线命令条

中心线命令条如图 5-9 所示。

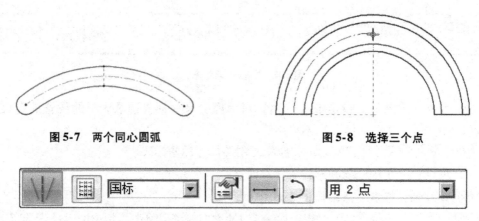

图 5-7　两个同心圆弧　　　　　　　　　　图 5-8　选择三个点

图 5-9　中心线命令条

中心线命令条各个按钮含义如下。

- ▦ 尺寸样式映射：指定由【选项】对话框中【尺寸样式】选项卡上的设置确定尺寸样式。设置此选项后，【尺寸样式】不可用。
- 国标 尺寸样式：列出并应用可用的尺寸标注样式。
- 属性：打开【中心线和标记属性】对话框。
- 直线：将直线指定为中心线的类型。
- 圆弧：将曲线指定为中心线的类型。
- 用 2 点 放置选项：指定直线、圆弧或关键点作为中心线的连接元素。

5.5.3　符号标注

装配图纸中应加入零件明细表，以提供关于个别装配部件的附加信息。例如，通常将零件号、材料以及所需的零件数量记载在零件明细表中。

（1）可以将符号标注添加到图纸中，并且符号标注的编号可以与零件明细表中的零件条目相对应。

（2）符号标注也可显示从源文件中提取的属性文本。

1. 放置符号标注

可以在图纸视图上或在模型上放置符号标注。

（1）可从以下位置之一选择【符号标注】命令：【工程图】环境中的【主页】选项卡→【注释】组；【PMI】选项卡→模型中的【注释】组。

（2）（指定符号标注属性）在【符号标注】命令条或【符号标注属性】对话框中，设置有关符号标注形状、高度、角度以及是否要链接到零件明细表的选项。

（3）（指定符号标注文本）在命令条上的文本框中，可以键入要在符号标注中放置的准确文本，也可以单击【属性文本】按钮打开【选择属性文本】对话框，在此可以选择要从当前文件或从模型数据中提取的变量属性文本。

（4）执行以下操作之一。

① 放置符号标注时带指引线，执行以下操作。

a. 在命令条中设置指引线选项。

b. 单击要放置指引线端符的位置，然后单击要放置符号标注的位置。

② 放置符号标注时不带指引线，执行以下操作。

a. 在命令条上清除【指引线】选项。

b. 在要附加符号标注的元素上或其附近单击，然后再次单击以放置符号标注。

2. 向零件视图自动添加符号标注

此过程介绍如何使用【零件明细表】命令自动将项符号标注添加到图纸视图（添加或不添加零件明细表）。

（1）单击【主页】选项卡→【表格】组→【零件明细表】按钮。

（2）在图纸上选择一个3D模型的图纸视图。

（3）在零件明细表命令条上，执行以下操作。

① 选择【自动符号标注】选项。

② 单击【属性】。

（4）在【符号标注】选项卡（【零件明细表属性】对话框）上，执行以下操作。

① 指定自动符号标注的外观和文本大小。

② 清除复选框，创建对齐形状。

（5）执行以下操作之一。

① 添加带有零件明细表的符号标注。

a. 在命令条上设置【放置列表】选项。

b. 移动光标，直到零件明细表位于所需位置，然后单击以放置零件明细表。

② 添加不带零件明细表的符号标注。

a. 在命令条上清除【放置列表】选项。

b. 在图形窗口的任意处单击。

第6章

二维草图实例

本章通过几个具体实例来展示一下二维草图的功能，展示的功能有绘制图形、约束关系、标注尺寸等。

6.1 垫片草图实例

本例将生成一个垫片草图模型，如图 6-1 所示。本模型使用的功能有新建零件图、选择基准面、绘制中心线、绘制草图、删除多余线段、保存文件。

6.1.1 新建零件图

（1）新建零件图。启动中文版 SolidEdge ST10 后，在左侧树状菜单中选择【新建】，如图 6-2 所示。

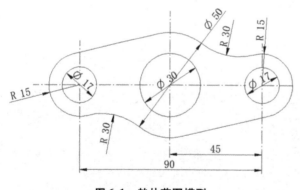

图6-1　垫片草图模型

图6-2　"新建"菜单

（2）单击【新建】后在右侧弹出的【新建】对话框中选择【GB 公制零件】选项，即可进入零件图工作环境，如图 6-3 所示。

6.1.2 选择基准面

（1）在左侧的命令树下单击□ 基本参考平面 前面的对号可以打开基本参考平面，如图 6-4 所示。

（2）单击【主页】选项卡【草图】区域下的 【草图】即可进入绘制草图页面，系统

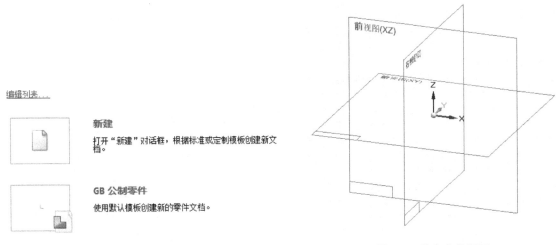

图 6-3　新建 "GB 公制零件"　　　　图 6-4　基本参考平面

自动弹出【草图】命令条，选择默认的【重合平面】命令，如图6-5所示。

图 6-5　选择 "重合平面"

（3）选择基准面。在【重合平面】的命令下选择【前视图】即可进入绘制草图的界面，如图6-6所示。

6.1.3　绘制中心线

（1）单击【绘制草图】选项卡【绘图】区域下的 ╱【直线】按钮，在上方弹出的菜单栏中的 ▦【线型】中选择【点画线】选项，如图6-7所示。

图 6-6　选择 "前视图"　　　　图 6-7　选择 "点画线"

（2）绘制点画线。在图纸中绘制出一横三竖的点画线，如图6-8所示。

（3）单击【绘制草图】选项卡【尺寸】区域下的 ┾【智能尺寸】按钮，添加如图6-9所示的尺寸定义为中心线。

39

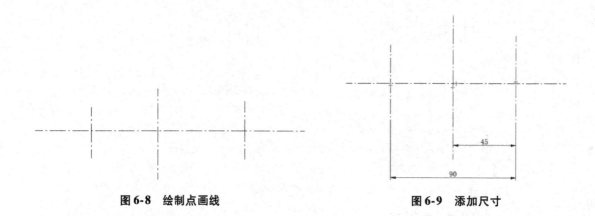

图 6-8　绘制点画线　　　　　　　　　　　　图 6-9　添加尺寸

6.1.4　绘制草图

（1）单击【绘制草图】选项卡【绘图】区域下的 ⊙·【圆】按钮下的【中心和点画圆】，在弹出的菜单栏中的直径(D):.00 mm ▼ 【直径】中填入值 30mm，在 ▦【线型】中选择【直线】选项，如图 6-10 所示。

（2）在图纸的点画线中间的位置单击确定圆的位置，如图 6-11 所示。

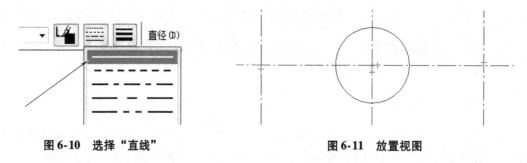

图 6-10　选择"直线"　　　　　　　　　　图 6-11　放置视图

（3）单击【绘制草图】选项卡【尺寸】区域下的 ⊬【智能尺寸】按钮，标注刚才放置圆的尺寸，如图 6-12 所示。

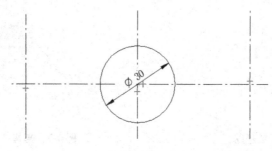

图 6-12　标注尺寸

（4）单击【绘制草图】选项卡【绘图】区域下的 ⊙·【圆】按钮下的【中心和点画圆】，在弹出的菜单栏中的直径(D):.00 mm ▼ 【直径】中填入值 17mm，如图 6-13 所示。

（5）在刚刚放置的圆的两侧分别放置直径为 17 的圆，如图 6-14 所示。

直径(D)：17　　　半径(R)：.00 mm

图6-13　填入直径尺寸值

（6）单击【绘制草图】选项卡【尺寸】区域下的 【智能尺寸】按钮，标注刚才放置圆的尺寸，如图6-15所示。

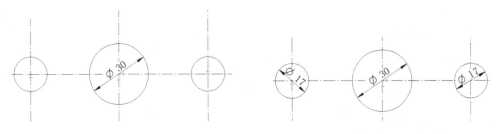

图6-14　放置视图　　　　　　　**图6-15　标注尺寸**

（7）单击【绘制草图】选项卡【绘图】区域下的○·【圆】按钮下的【中心和点画圆】，在弹出的菜单栏中的 直径(D)：.00 mm 【直径】中填入值50mm，如图6-16所示。

直径(D)：50　　　半径(R)：.00 mm

图6-16　填入直径尺寸值

（8）在图纸的中心点画线确定圆的位置，如图6-17所示。

（9）单击【绘制草图】选项卡【尺寸】区域下的 【智能尺寸】按钮，标注刚才放置圆的尺寸，如图6-18所示。

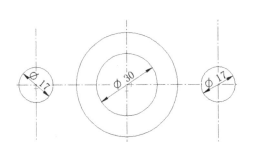

图6-17　放置视图　　　　　　**图6-18　标注尺寸**

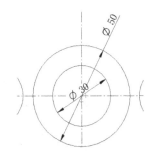

（10）同样的步骤，在其余的两个中心点处放置直径为17mm的圆，如图6-19所示。

（11）单击【绘制草图】选项卡【尺寸】区域下的 【智能尺寸】按钮，标注刚才放置圆的尺寸，并单击上方菜单栏的 【半径】选项，在合适位置放置，如图6-20所示。

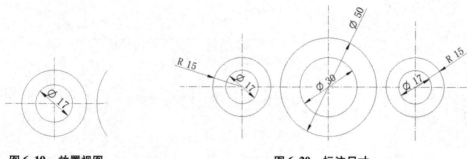

图 6-19　放置视图　　　　　　　　　　图 6-20　标注尺寸

　　（12）单击【绘制草图】选项卡【绘图】区域下的 ╱ 【直线】按钮，在图形区域任意画一条直线，如图 6-21 所示。

　　（13）单击【绘制草图】选项卡【相关】区域的 ╱ 【相切】按钮，依次单击最左侧大圆和直线，再单击中间的大圆和直线，完成相切，如图 6-22 所示。

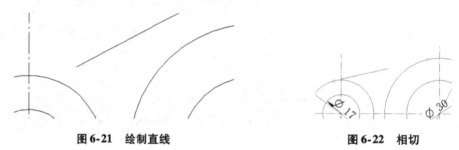

图 6-21　绘制直线　　　　　　　　　　图 6-22　相切

　　（14）单击【绘制草图】选项卡【相关】区域的 ┌ 【连接】按钮，依次单击直线的左端和最左侧大圆，再单击直线的右端和中间的大圆，完成连接，如图 6-23 所示。

　　（15）重复上述步骤 12～14，在中间大圆和右侧大圆的下部分完成绘制直线、相切、连接命令，如图 6-24 所示。

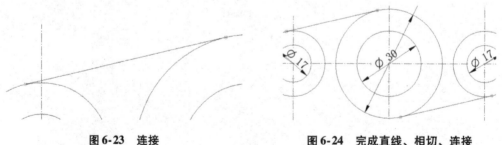

图 6-23　连接　　　　　　　　　　图 6-24　完成直线、相切、连接

　　（16）单击【绘制草图】选项卡【绘图】区域下的 ⊙ 【圆】按钮下的【中心和点画圆】，在弹出的菜单栏中的 直径(D)：.00 mm ▾ 【直径】中填入值 60mm，如图 6-25 所示。

　　（17）在视图的左下部分任意放置圆，如图 6-26 所示。

　　（18）单击【绘制草图】选项卡【尺寸】区域下的 ┡╫ 【智能尺寸】按钮，标注刚才放置圆的尺寸，并单击上方菜单栏的 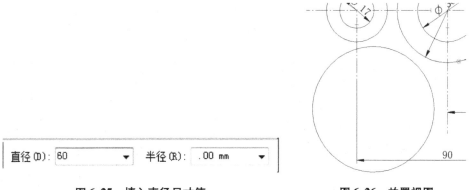【半径】选项，放置在合适位置，如图6-27所示。

| 直径(D): | 60 | ▼ | 半径(R): | .00 mm | ▼ |

图6-25　填入直径尺寸值　　　　　　图6-26　放置视图

（19）单击【绘制草图】选项卡【相关】区域的 ⊙【相切】按钮，依次单击最左侧大圆和所绘制的半径为30mm的圆，再单击中间的大圆和所绘制的半径为30mm的圆，完成相切，如图6-28所示。

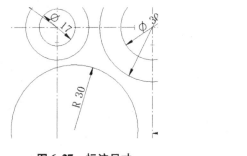
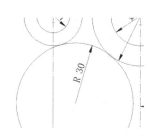

图6-27　标注尺寸　　　　　　　　　图6-28　相切

（20）单击【绘制草图】选项卡【绘图】区域下的 ⊙·【圆】按钮下的【中心和点画圆】，在弹出的菜单栏中的 直径(D): .00 mm ▼【直径】中填入值60mm，如图6-29所示。

| 直径(D): | 60 | ▼ | 半径(R): | .00 mm | ▼ |

图6-29　填入直径尺寸值

（21）在视图的右上部分任意放置圆，如图6-30所示。

（22）单击【绘制草图】选项卡【尺寸】区域下的 ⊬【智能尺寸】按钮，标注刚才放置圆的尺寸，并单击上方菜单栏的 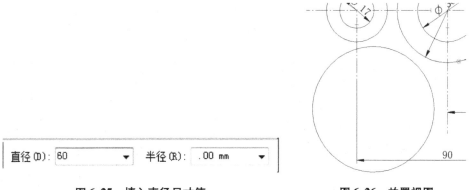【半径】选项，放置在合适位置，如图6-31所示。

（23）单击【绘制草图】选项卡【相关】区域的 ⊙【相切】按钮，依次单击最右侧大圆和所绘制的半径为30mm的圆，再单击中间的大圆和所绘制的半径为30mm的圆，完成相切，如图6-32所示。

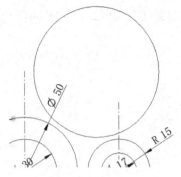

图 6-30　放置视图

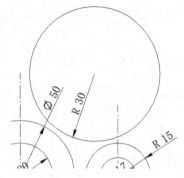

图 6-31　标注尺寸

6.1.5　删除多余线段

（1）单击【绘制草图】选项卡【绘图】区域的 ⛯【修剪】按钮，在图纸中多余的部分上划过即可删除多余线段，如图 6-33 所示。

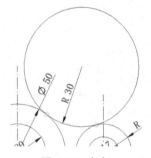

图 6-32　相切

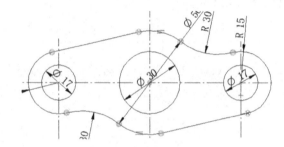

图 6-33　删除多余线段

（2）单击【绘制草图】选项卡【相关】区域的 ⊞【关系手柄】按钮，可以关闭关系手柄。

（3）单击中心线或者尺寸，出现蓝色的点，可以拖动蓝色的点使其挪动到合适的位置。

（4）至此垫片草图绘制完成，如图 6-34 所示。

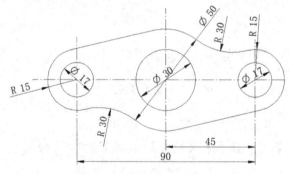

图 6-34　完成垫片草图

6.1.6　保存文件

常规保存。单击工具栏的 🖫 保存文件，如图 6-35 所示。

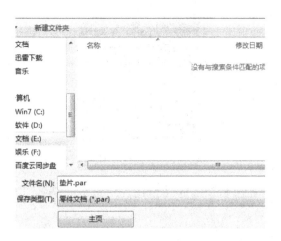

图 6-35　"保存"对话框

6.2　扳手草图实例

本例将生成一个扳手草图模型，如图 6-36 所示。本模型使用的功能有新建零件图、选择基准面、绘制中心线、绘制草图、删除多余线段、绘制其余草图、删除其余多余线段、保存文件。

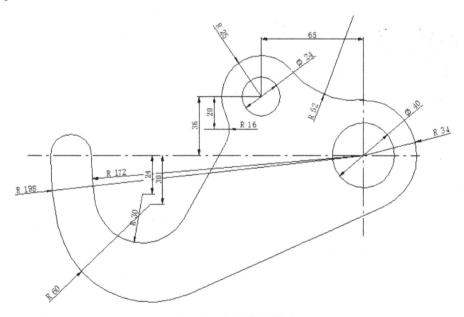

图 6-36　扳手草图模型

6.2.1　新建零件图

（1）新建零件图。启动中文版 SolidEdge ST10 后，在左侧树状菜单中选择【新建】，如图 6-37 所示。

图 6-37 "新建" 菜单

（2）单击【新建】后在右侧弹出的【新建】对话框中选择【GB 公制零件】选项，即可进入零件图工作环境。

★注意： 方法二：启动中文版 SolidEdge ST10 后，在欢迎界面中单击【新建】按钮，系统弹出【新建】对话框，在对话框中选择【新建】，在弹出的【新建】项目里的【标准模板】中选择【GB Metric】，在右侧选择【gb metric part. par】，单击【确定】按钮，也可以进入零件图环境，如图 6-38 所示。

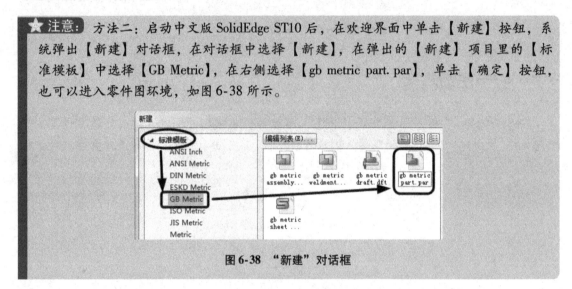

图 6-38 "新建" 对话框

6.2.2 选择基准面

（1）在左侧的命令树下单击□ 基本参考平面 前面的对号可以打开基本参考平面，如图 6-39 所示。

（2）单击【主页】选项卡【草图】区域下的 【草图】即可进入绘制草图页面，系统自动弹出【草图】命令条，选择默认的【重合平面】命令，如图 6-40 所示。

（3）选择基准面。在【重合平面】的命令下选择【前视图】即可进入绘制草图的界面，如图 6-41 所示。

6.2.3 绘制中心线

（1）单击【绘制草图】选项卡【绘图】区域下的 【直线】按钮，在上方弹出的菜单栏中的 【线型】中选择【点画线】选项，如图 6-42 所示。

（2）绘制点画线。在图纸中绘制出一横一竖的点画线，如图 6-43 所示。

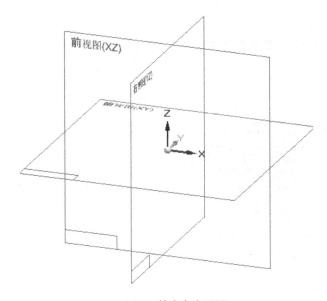

图 6-39　基本参考平面

图 6-40　选择"重合平面"

图 6-41　选择"前视图"

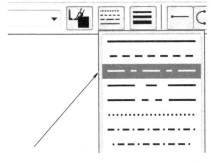

图 6-42　选择"点画线"

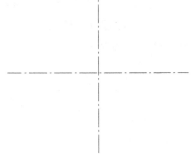

图 6-43　绘制点画线

6.2.4　绘制草图

（1）单击【绘制草图】选项卡【绘图】区域下的 【圆】按钮下的【中心和点画圆】，在弹出的菜单栏中的直径(D): .00 mm 【直径】中填入值 40mm，在 【线型】中选择【直线】选项，如图 6-44 所示。

（2）在图纸的点画线中间的位置单击确定圆的位置，如图 6-45 所示。

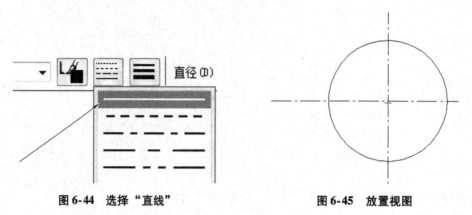

图 6-44 选择"直线"　　　　　　　　　　图 6-45 放置视图

（3）单击【绘制草图】选项卡【尺寸】区域下的 ⊬ 【智能尺寸】按钮，标注刚才放置圆的尺寸，如图 6-46 所示。

（4）单击【绘制草图】选项卡【绘图】区域下的 ○▾ 【圆】按钮下的【中心和点画圆】，在弹出的菜单栏中的 直径(D): ⌷.00 mm ▾ 【直径】中填入值 24mm，如图 6-47 所示。

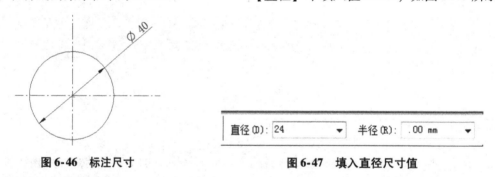

图 6-46 标注尺寸　　　　　　　　　　图 6-47 填入直径尺寸值

（5）在刚刚画的直径 40mm 的圆的左上方放置，确定圆的位置，如图 6-48 所示。

（6）单击【绘制草图】选项卡【尺寸】区域下的 ⊬ 【智能尺寸】按钮，标注刚才放置圆的尺寸，如图 6-49 所示。

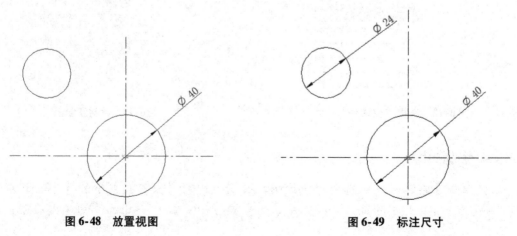

图 6-48 放置视图　　　　　　　　　　图 6-49 标注尺寸

（7）单击【绘制草图】选项卡【尺寸】区域下的【智能尺寸】按钮，确定刚刚放置的直径 24mm 的圆的位置，距离水平点画线为 36mm，距离竖直点画线为 65mm，如图 6-50 所示。

（8）单击【绘制草图】选项卡【绘图】区域下的【圆】按钮下的【中心和点画圆】，在弹出的菜单栏中的 直径(I): ▼ 【直径】中填入值 68mm，在右侧圆心画一个直径为 68mm 的圆，再在菜单栏中的 直径(I): .00 mm ▼ 【直径】中填入值 50mm，如图 6-51 所示。

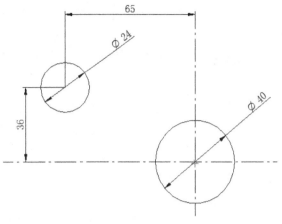

图 6-50　标注尺寸

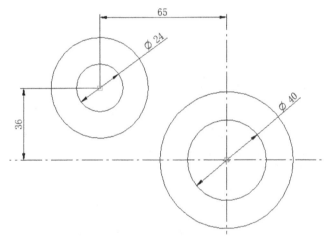

图 6-51　放置视图

（9）单击【绘制草图】选项卡【尺寸】区域下的【智能尺寸】按钮，标注刚才放置圆的尺寸，并单击上方菜单栏的【半径】选项，放置在合适位置，如图 6-52 所示。

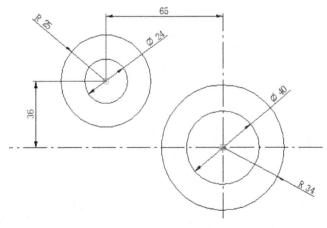

图 6-52　标注尺寸

（10）单击【绘制草图】选项卡【绘图】区域下的 ⊙·【圆】按钮下的【中心和点画圆】，在弹出的菜单栏中的 直径(D): ▢.00 mm ▼ 【直径】中填入值104mm，在两个圆的右侧画一个直径为104mm的圆，如图6-53所示。

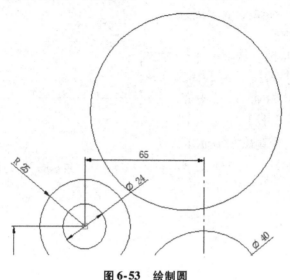

图 6-53 绘制圆

（11）单击【绘制草图】选项卡【尺寸】区域下的 ⊢⊣【智能尺寸】按钮，标注刚才放置圆的尺寸，并单击上方菜单栏的 【半径】选项，放置在合适位置，如图6-54所示。

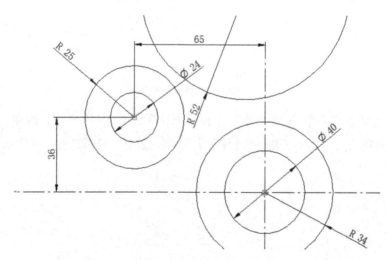

图 6-54 标注尺寸

（12）单击【绘制草图】选项卡【相关】区域的 ⚬【相切】按钮，依次使刚刚画的圆与下侧的两个圆相切，如图6-55所示。

（13）单击【绘制草图】选项卡【绘图】区域下的 ⊙·【圆】按钮下的【中心和点画圆】，在弹出的菜单栏中的 直径(D): ▢.00 mm ▼ 【直径】中填入值344mm，在点画线的中心处画一个直径为344mm的圆。然后在菜单栏中的 直径(D): ▢.00 mm ▼ 【直径】中填入值

396mm，在点画线的中心处画一个直径为 396mm 的圆，如图 6-56 所示。

（14）单击【绘制草图】选项卡【尺寸】区域下的 【智能尺寸】按钮，标注刚才放置的两个圆的尺寸，并单击上方菜单栏的 【半径】选项，放置在合适位置，如图 6-57 所示。

（15）单击【绘制草图】选项卡【绘图】区域下的 【圆】按钮下的【中心和点画圆】，在弹出的菜单栏中的 直径(D): .00 mm ▼【直径】中填入值 60mm，如图 6-58 所示。

（16）在图 6-59 所示的大概位置放置直径 60mm 的圆。

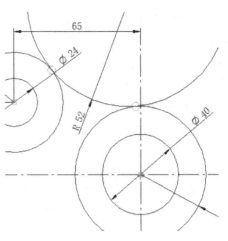

图 6-55　相切

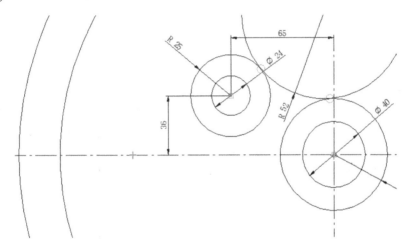

图 6-56　画两个圆

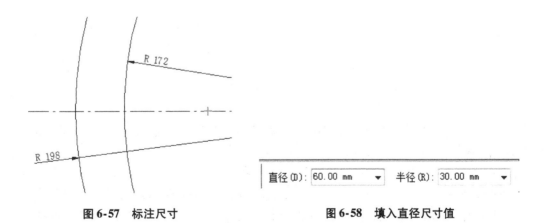

图 6-57　标注尺寸

图 6-58　填入直径尺寸值

（17）单击【绘制草图】选项卡【尺寸】区域下的 【智能尺寸】按钮，标注刚才放置的直径为 60mm 圆的尺寸，并单击上方菜单栏的 【半径】选项，放置在合适位置，再确定圆的位置距水平点画线的距离为 24mm, 如图 6-60 所示。

(18) 单击【绘制草图】选项卡【相关】区域的 ◔【相切】按钮, 使刚刚画的半径为 30mm 的圆与半径为 172mm 的圆相切, 如图 6-61 所示。

(19) 单击【绘制草图】选项卡【绘图】区域下的 ⊙·【圆】按钮下的【中心和点画圆】, 在图 6-62 所示的大概位置放置视图。

(20) 单击【绘制草图】选项卡【相关】区域的 ◔【相切】按钮, 使刚刚画的圆与它两侧的圆相切, 如图 6-63 所示。

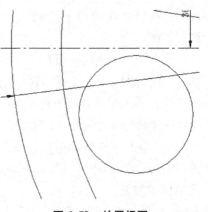

图 6-59 放置视图

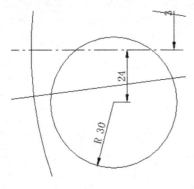

图 6-60 标注尺寸

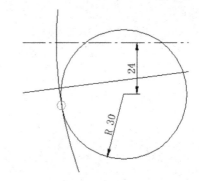

图 6-61 相切

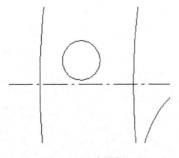

图 6-62 放置视图

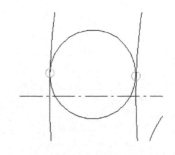

图 6-63 相切

(21) 单击【绘制草图】选项卡【相关】区域的 ⌐【连接】按钮, 依次单击圆心和水平点画线, 使圆在水平点画线上, 如图 6-64 所示。

(22) 单击【绘制草图】选项卡【绘图】区域下的 ⊙·【圆】按钮下的【中心和点画圆】, 在弹出的菜单栏中的 直径⑩: ⌈ .00 mm ▼⌉ 【直径】中填入值 32mm, 如图 6-65 所示。

(23) 在半径为 25mm 的圆的上边捕捉出相切的字样时单击确定放置视图, 如图 6-66 所示。

(24) 单击【绘制草图】选项卡【尺寸】区域下的 ⌐⌐【智能尺寸】按钮, 标注刚才放置的直径为 32mm 圆的尺寸, 并单击上方菜单栏的 ⌐⌐【半径】选项, 放置在合适位置, 再

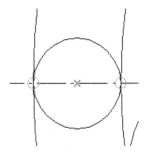

图 6-64　连接

图 6-65　填入直径尺寸值

确定圆的位置上方的圆心的竖直距离为 20mm，如图 6-67 所示。

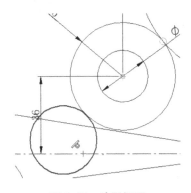

图 6-66　放置视图

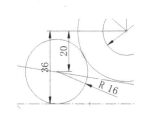

图 6-67　标注尺寸

（25）单击【绘制草图】选项卡【绘图】区域下的 ╱【直线】按钮，在半径为 30mm 的圆处捕捉相切后再在半径为 16mm 的圆捕捉相切，完成直线的绘制，如图 6-68 所示。

6.2.5　删除多余线段

单击【绘制草图】选项卡【绘图】区域的 ℃【修剪】按钮，在图纸中多余的部分上划过即可删除多余线段，如图 6-69 所示。

6.2.6　绘制其他草图

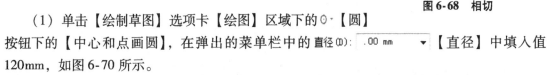

图 6-68　相切

（1）单击【绘制草图】选项卡【绘图】区域下的 ○·【圆】按钮下的【中心和点画圆】，在弹出的菜单栏中的 直径(D)：.00 mm ▼【直径】中填入值 120mm，如图 6-70 所示。

（2）在半径为 198mm 的圆的上边捕捉出相切的字样时单击确定放置视图，如图 6-71 所示。

（3）单击【绘制草图】选项卡【尺寸】区域下的 ↦【智能尺寸】按钮，标注刚才放置的直径为 120mm 圆的尺寸，并单击上方菜单栏的 ↗【半径】选项，放置在合适位置，再确定圆的位置距水平点画线的竖直距离为 30mm，如图 6-72 所示。

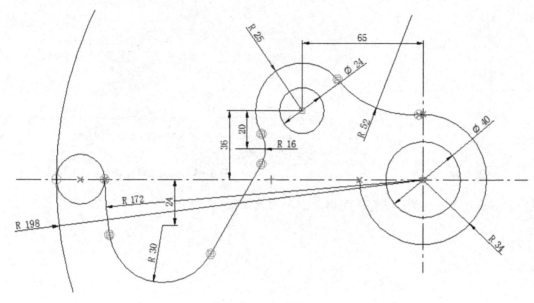

图 6-69　删除多余线段

图 6-70　填入直径尺寸值

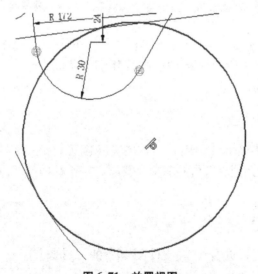

图 6-71　放置视图

（4）单击【绘制草图】选项卡【绘图】区域下的 ／ ・【直线】按钮，在半径为 60mm 的圆处捕捉相切后再在半径为 34mm 的圆捕捉相切，完成直线的绘制，如图 6-73 所示。

6.2.7　删除其他多余线段

（1）单击【绘制草图】选项卡【绘图】区域的 ⌇【修剪】按钮，在图纸中多余的部分上划过即可删除多余线段，如图 6-74 所示。

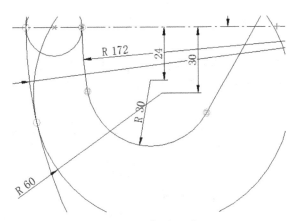

图 6-72 标注尺寸

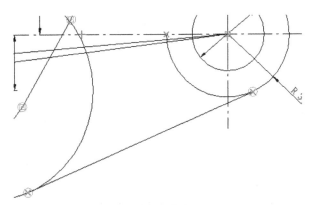

图 6-73 相切

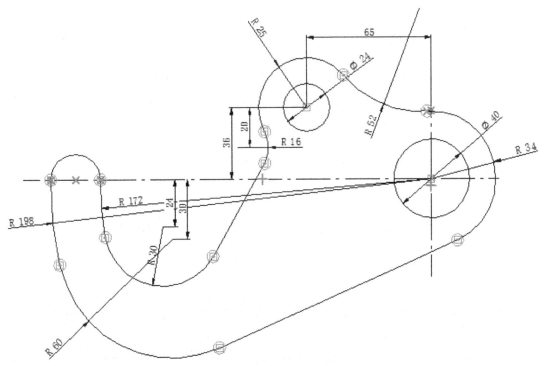

图 6-74 删除多余线段

（2）单击【绘制草图】选项卡【相关】区域的 ⊣ 【关系手柄】按钮，可以关闭关系手柄。

（3）单击中心线或者尺寸，出现蓝色的点，可以拖动蓝色的点使其挪动到合适的位置。

（4）至此扳手草图绘制完成，如图 6-75 所示。

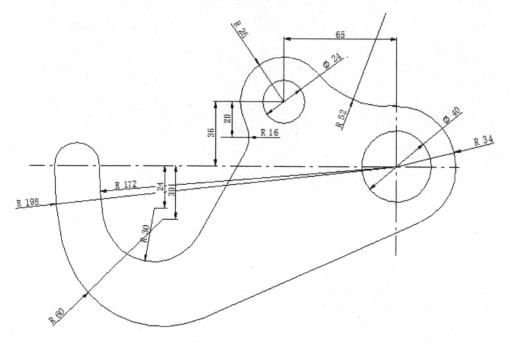

图 6-75　完成扳手草图

6.3　扇子板草图实例

本例将生成一个扇子板草图模型，如图 6-76 所示。本模型使用的功能有新建零件图、选择基准面、绘制中心线、绘制草图、删除多余线段、绘制其他草图、删除其他多余线段、保存文件。

6.3.1　新建零件图

（1）新建零件图。启动中文版 SolidEdge ST10 后，在左侧树状菜单中选择【新建】，如图 6-77 所示。

（2）单击【新建】后在右侧弹出的【新建】对话框中选择【GB 公制零件】选项，即可进入零件图工作环境。

6.3.2　选择基准面

（1）在左侧的命令树下单击□ □基本参考平面 前面的对号可以打开基本参考平面，如图 6-78 所示。

（2）单击【主页】选项卡【草图】区域下的 品【草图】即可进入绘制草图页面，系统

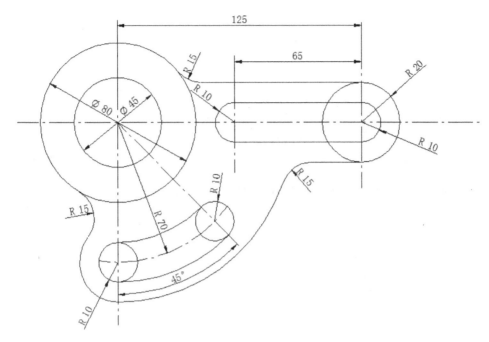

图 6-76　扇子板草图模型

图 6-77　"新建"菜单

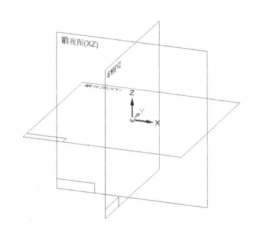

图 6-78　基本参考平面

自动弹出【草图】命令条，选择默认的【重合平面】命令，如图 6-79 所示。

（3）选择基准面。在【重合平面】的命令下选择【前视图】即可进入绘制草图的界面，如图 6-80 所示。

（4）这时也可以单击【基本参考平面】前面的对号关闭视图显示。

6.3.3　绘制中心线

（1）单击【绘制草图】选项卡【绘图】区域下的 ∕ ·【直线】按钮，在上方弹出的菜单栏中的 ▦【线型】中选择【点画线】选项，如图 6-81 所示。

图 6-79　选择"重合平面"　　　　　　　　　图 6-80　选择"前视图"

（2）绘制点画线。在图纸中绘制出一横一竖的点画线，如图 6-82 所示。

图 6-81　选择"点画线"　　　　　　　　　图 6-82　绘制点画线

（3）单击【绘制草图】选项卡【绘图】区域下的 ⊙·【圆】按钮下的【中心和点画圆】，在弹出的菜单栏中的 直径(D): .00 mm ▼ 【直径】中填入值 140mm，在 ▦ 【线型】中选择【点画线】选项，如图 6-83 所示。

（4）在刚刚的点画线中心放置直径为 140mm 的圆，如图 6-84 所示。

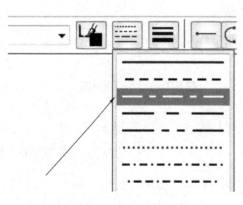

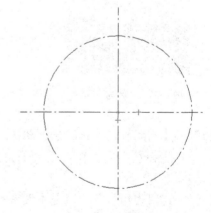

图 6-83　选择"点画线"　　　　　　　　　图 6-84　放置视图

（5）单击【绘制草图】选项卡【尺寸】区域下的 ⟋ 【智能尺寸】按钮，标注刚才放置圆的尺寸，并单击上方菜单栏的 ⟋ 【半径】选项，放置在合适位置，如图 6-85 所示。

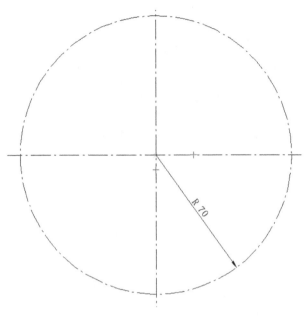

图 6-85 标注尺寸

（6）单击【绘制草图】选项卡【绘图】区域下的 ✏ 【直线】按钮，在上方弹出的菜单栏中的 ▤ 【线型】中选择【点画线】选项，在竖线的右侧绘制两条偏短一些的竖线，如图 6-86 所示。

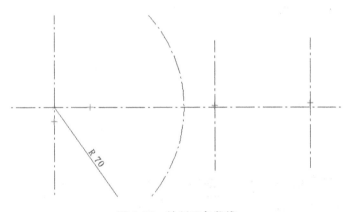

图 6-86 绘制两条竖线

（7）单击【绘制草图】选项卡【尺寸】区域下的 ⊬ 【智能尺寸】按钮，确定如图 6-87 所示位置的竖直直线。

（8）单击【绘制草图】选项卡【绘图】区域下的 ✏ 【直线】按钮，在上方弹出的菜单栏中的 ▤ 【线型】中选择【点画线】选项，如图 6-88 所示。

（9）在图纸的点画线中间的位置开始绘制一条直线，如图 6-89 所示。

（10）单击【绘制草图】选项卡【尺寸】区域下的 ⊬ 【智能尺寸】按钮，单击 ◺ 【角度】确定该直线到竖直直线的角度为 45°，如图 6-90 所示。

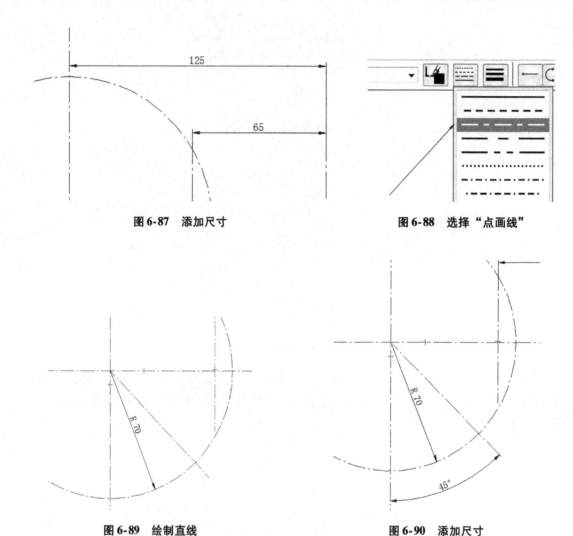

图 6-87　添加尺寸　　　　　　　　　　图 6-88　选择"点画线"

图 6-89　绘制直线　　　　　　　　　　图 6-90　添加尺寸

6.3.4　绘制草图

（1）单击【绘制草图】选项卡【绘图】区域下的 ⊙ ▾【圆】按钮下的【中心和点画圆】，在弹出的菜单栏中的 直径(D)： .00 mm ▾【直径】中填入值 45mm，在 【线型】中选择【直线】选项，如图 6-91 所示。

（2）在图纸的点画线中间的位置单击确定圆的位置，如图 6-92 所示。

（3）单击【绘制草图】选项卡【尺寸】区域下的 【智能尺寸】按钮，标注刚才放置圆的尺寸，如图 6-93 所示。

（4）单击【绘制草图】选项卡【绘图】区域下的 ⊙ ▾【圆】按钮下的【中心和点画圆】，在弹出的菜单栏中的 直径(D)： .00 mm ▾【直径】中填入值

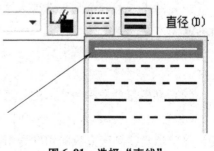

图 6-91　选择"直线"

80mm，如图 6-94 所示。

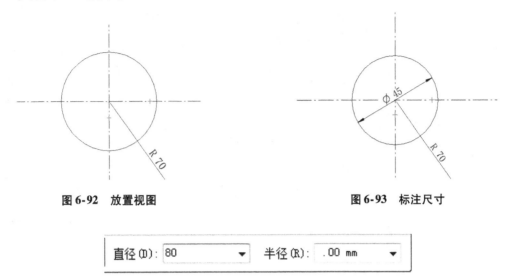

图 6-92　放置视图　　　　　　　　　　　　　　图 6-93　标注尺寸

| 直径(D): | 80 | ▼ | 半径(R): | .00 mm | ▼ |

图 6-94　填入直径尺寸值

（5）在图纸的点画线中间的位置单击确定圆的位置，如图 6-95 所示。

（6）单击【绘制草图】选项卡【尺寸】区域下的 ⚙【智能尺寸】按钮，标注刚才放置圆的尺寸（拖动尺寸可以挪动尺寸的位置），如图 6-96 所示。

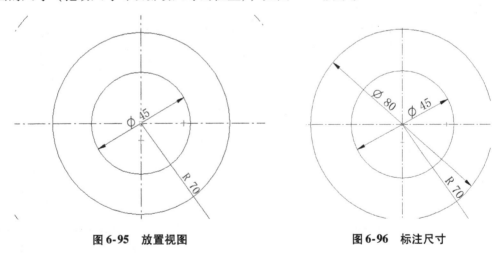

图 6-95　放置视图　　　　　　　　　　　　　　图 6-96　标注尺寸

（7）单击【绘制草图】选项卡【绘图】区域下的 ⊙【圆】按钮下的【中心和点画圆】，在弹出的菜单栏中的 直径(D): .00 mm ▼ 【直径】中填入值 20mm，在右侧两个点画线中心画两个直径为 20mm 的圆，如图 6-97 所示。

（8）单击【绘制草图】选项卡【尺寸】区域下的 ⚙【智能尺寸】按钮，标注刚才放置圆的尺寸，并单击上方菜单栏的 ⚙【半径】选项，放置在合适位置，如图 6-98 所示。

（9）在两个圆的上下画两条平行的直线，使与两圆相切，如图 6-99 所示。

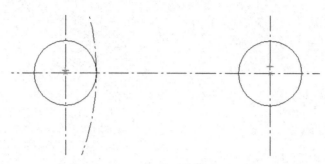

图 6-97　放置视图

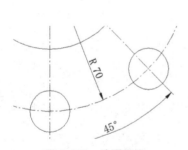

图 6-98　标注尺寸

图 6-99　绘制直线

（10）单击【绘制草图】选项卡【绘图】区域下的 ⊙·【圆】按钮下的【中心和点画圆】，在弹出的菜单栏中的 直径(D)：ㅤ.00 mm ▼ 【直径】中填入值 20mm，在点画线的下方和右侧绘制两个直径为 20mm 的圆，如图 6-100 所示。

（11）单击【绘制草图】选项卡【尺寸】区域下的 ⊢◢【智能尺寸】按钮，标注刚才放置圆的尺寸，并单击上方菜单栏的 ⦿【半径】选项，放置在合适位置，如图 6-101 所示。

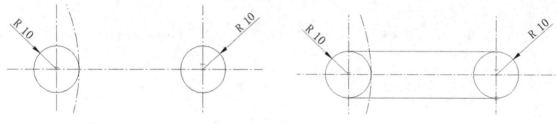

图 6-100　放置视图

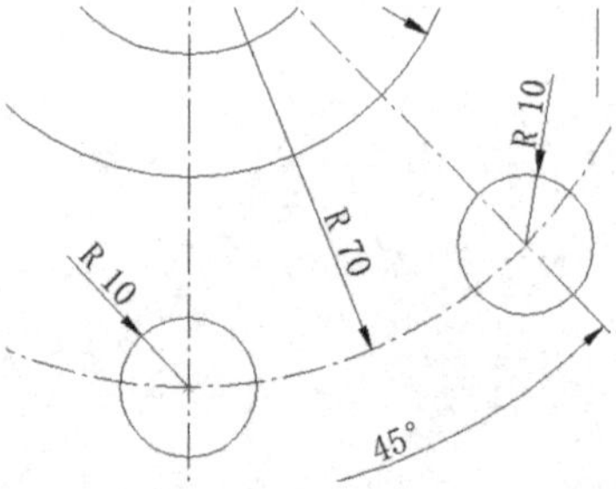

图 6-101　标注尺寸

（12）单击【绘制草图】选项卡【绘图】区域下的 ⊙·【圆】按钮下的【中心和点画圆】，以点画线正中心绘制两个圆，第一个圆在下方两个小圆的上侧，第二个圆在下方两个小圆的下侧，如图 6-102 所示。

（13）单击【绘制草图】选项卡【相关】区域的 ⚬【相切】按钮，依次使刚刚画的两圆与半径为 10mm 的圆相切，如图 6-103 所示。

6.3.5　删除多余线段

单击【绘制草图】选项卡【绘图】区域的 ⊏【修剪】按钮，在图纸中多余的部分上划过即可删除多余线段，如图 6-104 所示。

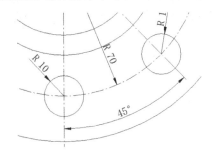

图 6-102　绘制两个圆

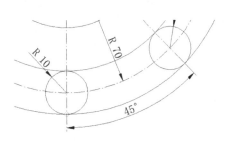

图 6-103　相切

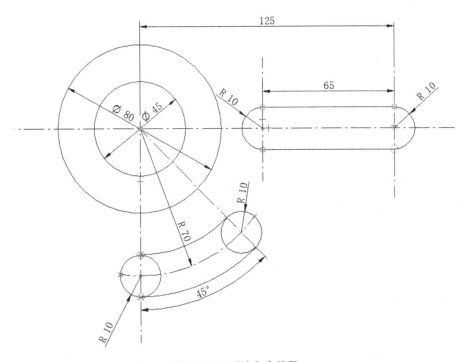

图 6-104　删除多余线段

6.3.6　绘制其他草图

（1）单击【绘制草图】选项卡【绘图】区域下的 ⊙·【圆】按钮下的【中心和点画圆】，在弹出的菜单栏中的 直径(D)： .00 mm ▼ 【直径】中填入值 40mm，如图 6-105 所示。

直径(D)： 40 ▼　　半径(R)： .00 mm ▼

图 6-105　填入直径尺寸值

（2）在图纸右侧点画线中间的位置单击确定圆的位置，如图 6-106 所示。

（3）单击【绘制草图】选项卡【尺寸】区域下的 ![smart] 【智能尺寸】按钮，标注刚才放置圆的尺寸，并单击上方菜单栏的 ![radius] 【半径】选项，放置在合适位置，如图6-107所示。

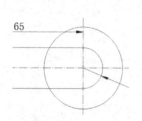

图6-106　放置视图

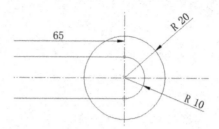

图6-107　标注尺寸

（4）单击【绘制草图】选项卡【绘图】区域下的 ![line] 【直线】按钮，绘制如图6-108所示的直线。

（5）单击【绘制草图】选项卡【绘图】区域下的 ![fillet] 【圆角】按钮，在弹出的【圆角】对话条中的 半径(R)：[.00 mm ▾] 【半径】中添加值15mm，如图6-109所示。

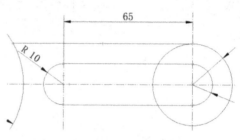

图6-108　绘制直线

（6）分别单击直线和左侧的圆生成圆角特征，如图6-110所示。

图6-109　"半径"对话条

（7）单击【绘制草图】选项卡【尺寸】区域下的 ![smart] 【智能尺寸】按钮，标注刚刚绘制的圆角尺寸，如图6-111所示。

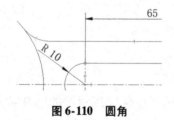

图6-110　圆角

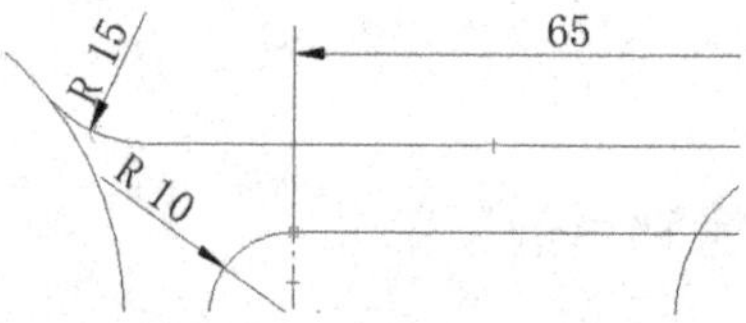

图6-111　标注圆角尺寸

（8）单击【绘制草图】选项卡【绘图】区域下的 ![circle] 【圆】按钮下的【中心和点画圆】，在弹出的菜单栏中的 直径(D)：[.00 mm ▾] 【直径】中填入值40mm，如图6-112所示。

图6-112　填入直径尺寸值

（9）在图纸下侧如图 6-113 所示点画线的位置单击确定圆的位置。

（10）单击【绘制草图】选项卡【尺寸】区域下的 【智能尺寸】按钮，标注刚才放置圆的尺寸，并单击上方菜单栏的 【半径】选项，放置在合适位置，如图 6-114 所示。

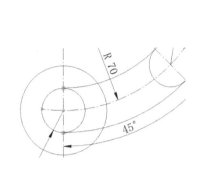

图 6-113　放置视图

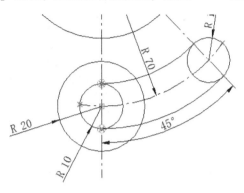

图 6-114　标注尺寸

（11）单击【绘制草图】选项卡【绘图】区域下的 【圆】按钮下的【中心和点画圆】，在弹出的菜单栏中的 直径(D)： .00 mm ▼ 【直径】中填入值 30mm，在左侧放置，如图 6-115 所示。

（12）单击【绘制草图】选项卡【尺寸】区域下的 【智能尺寸】按钮，标注刚才放置圆的尺寸，并单击上方菜单栏的 【半径】选项，放置在合适位置，如图 6-116 所示。

（13）单击【绘制草图】选项卡【相关】区域的 【相切】按钮，依次单击刚刚绘制的半径为 15mm 的圆与右侧上下两圆相切，如图 6-117 所示。

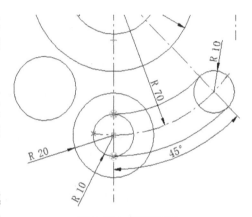

图 6-115　放置视图

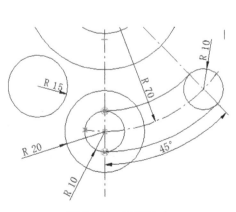

图 6-116　标注尺寸

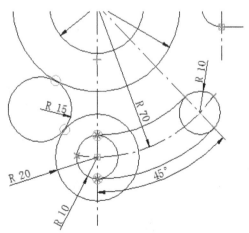

图 6-117　相切

（14）单击【绘制草图】选项卡【绘图】区域下的 【圆】按钮下的【中心和点画

圆】，绘制以中心点画线的中心为圆心、与下侧半径为20mm的相切圆，如图6-118所示。

（15）单击【绘制草图】选项卡【绘图】区域下的 ╱ 【直线】按钮，绘制如图6-119所示的直线。

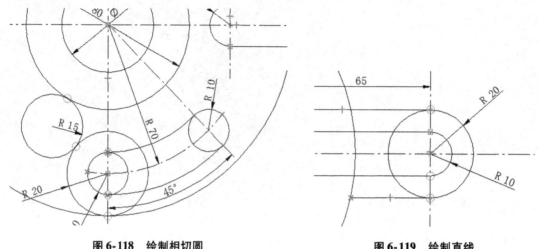

图 6-118　绘制相切圆　　　　　　　　　　图 6-119　绘制直线

（16）单击【绘制草图】选项卡【绘图】区域下的 ⌐ 【圆角】按钮，在弹出的【圆角】对话条中的 半径(R)：[.00 mm ▼] 【半径】中填入值15mm，如图6-120所示。

图 6-120　"半径"对话条

（17）分别单击直线和左侧的圆生成圆角特征，如图6-121所示。

（18）单击【绘制草图】选项卡【尺寸】区域下的 ╁ 【智能尺寸】按钮，标注刚刚绘制的圆角尺寸，如图6-122所示。

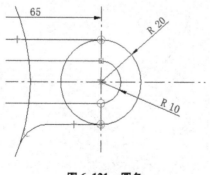

图 6-121　圆角　　　　　　　　　　图 6-122　标注圆角尺寸

6.3.7　删除其他多余线段

（1）单击【绘制草图】选项卡【绘图】区域的 ℂ 【修剪】按钮，在图纸中多余的部分上划过即可删除多余线段，如图6-123所示。

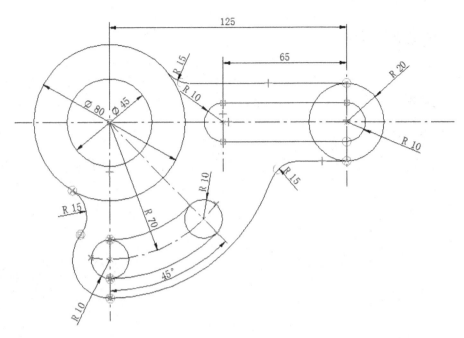

图 6-123　删除多余线段

（2）单击【绘制草图】选项卡【相关】区域的 ᵗᵗ 【关系手柄】按钮，可以关闭关系手柄。

（3）单击中心线或者尺寸，出现蓝色的点，可以拖动蓝色的点使其挪动到合适的位置。

（4）至此扇子板草图绘制完成，如图 6-124 所示。

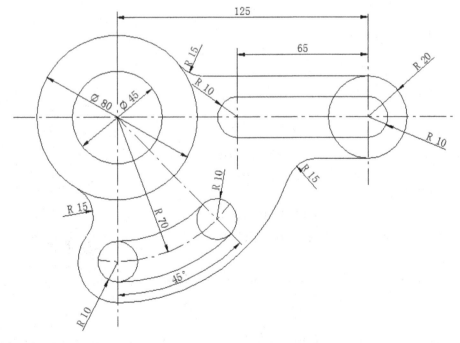

图 6-124　完成扇子板草图

6.4 夹钳草图实例

本例将生成一个夹钳草图模型，如图 6-125 所示。本模型使用的功能有新建零件图、选择基准面、绘制中心线、绘制草图和保存文件。

6.4.1 新建零件图

（1）新建零件图。启动中文版 SolidEdge ST10 后，在左侧树状菜单中选择【新建】，如图 6-126 所示。

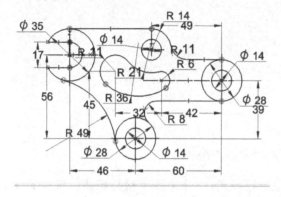

图 6-125　夹钳草图模型

图 6-126　"新建"菜单

（2）单击【新建】后在右侧弹出的【新建】对话框中选择【GB 公制零件】选项，即可进入零件图工作环境。

6.4.2 选择基准面

（1）在左侧的命令树下单击 □ 基本参考平面 前面的对号可以打开基本参考平面，如图 6-127 所示。

（2）单击【主页】选项卡【草图】区域下的 品 【草图】即可进入绘制草图页面，系统自动弹出【草图】命令条，选择默认的【重合平面】命令，如图 6-128 所示。

（3）选择基准面。在【重合平面】的命令下选择【前视图】即可进入绘制草图的界面，如图 6-129 所示。

（4）这时也可以单击【基本参考平面】前面的对号关闭视图显示。

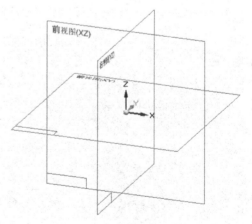

图 6-127　基本参考平面

6.4.3 绘制中心线

（1）单击【主页】选项卡【绘图】区域下的 ／ 【直线】按钮，在上方弹出的菜单栏中的 ▦ 【线型】中选择【点画线】选项，如图 6-130 所示。

图 6-128　选择"重合平面"　　　　　　图 6-129　选择"前视图"

（2）绘制点画线。在图纸中绘制出两个一横一竖的 4 条点画线，如图 6-131 所示。

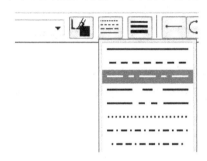

图 6-130　选择"点画线"

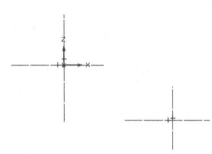

图 6-131　绘制点画线

（3）单击【主页】选项卡【尺寸】区域下的 【智能尺寸】按钮，确定如图 6-132 所示的点画线的位置。

（4）单击【主页】选项卡【绘图】区域下的 【直线】按钮，在图纸中再绘制出两个一横一竖的 4 条点画线，如图 6-133 所示。

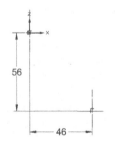

图 6-132　确定点画线位置

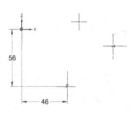

图 6-133　绘制点画线

（5）单击【主页】选项卡【尺寸】区域下的 【智能尺寸】按钮，确定如图 6-134 所示的点画线的位置。

6.4.4　绘制草图

（1）单击【主页】选项卡【绘图】区域下的 【圆】按钮下的【中心和点画圆】，在弹出的菜单栏中的 直径(D)： .00 mm 【直径】中填入值 17mm，在 【线型】中选择【直线】选项，如图 6-135 所示。

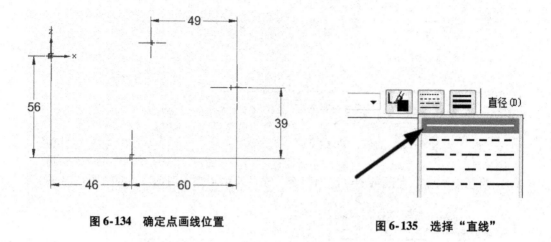

图 6-134　确定点画线位置

图 6-135　选择 "直线"

（2）在图纸的点画线中心的位置单击确定圆的位置，如图 6-136 所示。

（3）单击【主页】选项卡【尺寸】区域下的 ┡╱┥【智能尺寸】按钮，标注刚才放置圆的尺寸，如图 6-137 所示。

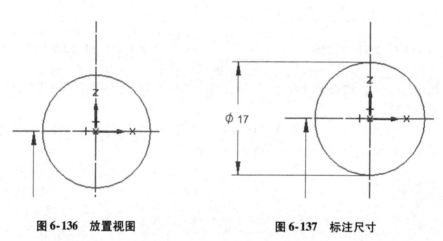

图 6-136　放置视图

图 6-137　标注尺寸

（4）单击【主页】选项卡【绘图】区域下的 ⊙˙【圆】按钮下的【中心和点画圆】，在弹出的菜单栏中的 直径(D):│.00 mm │▼│【直径】中填入值 35mm，如图 6-138 所示。

图 6-138　填入直径尺寸值

（5）在图纸的点画线中间的位置单击确定圆的位置，如图 6-139 所示。

（6）单击【主页】选项卡【尺寸】区域下的 ┡╱┥【智能尺寸】按钮，标注刚才放置圆的尺寸，如图 6-140 所示。

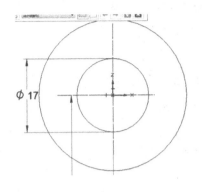

图 6-139　放置视图

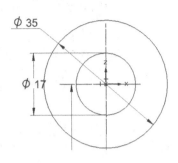

图 6-140　标注尺寸

　　（7）单击【主页】选项卡【绘图】区域下的 / ˙【直线】按钮，绘制两条如图 6-141 所示的水平直线。

　　（8）单击【绘制草图】选项卡【绘图】区域的 ℂ【修剪】按钮，在图纸中多余的部分上划过即可删除多余线段（不小心删除的尺寸需要重新标注），如图 6-142 所示。

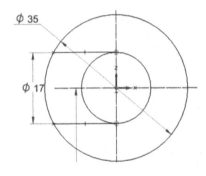

图 6-141　绘制直线

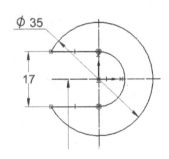

图 6-142　删除多余线段

　　（9）单击【主页】选项卡【绘图】区域下的 ⊙ ˙【圆】按钮下的【中心和点画圆】，在弹出的菜单栏中的 直径⒟: .00 mm　▼【直径】中填入值 14mm 和 28mm，在下方的点画线中心绘制直径分别为 14mm 和 28mm 的同心圆，如图 6-143 所示。

　　（10）单击【主页】选项卡【尺寸】区域下的 ⊬【智能尺寸】按钮，标注刚才放置的同心圆的尺寸，如图 6-144 所示。

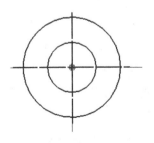

图 6-143　绘制同心圆

图 6-144　标注尺寸

（11）单击【主页】选项卡【绘图】区域下的 ⊙·【圆】按钮下的【中心和点画圆】，在弹出的菜单栏中的 直径(D)： .00 mm ▼【直径】中填入值 98mm，在左侧放置，如图 6-145 所示。

（12）单击【主页】选项卡【尺寸】区域下的 ⊬【智能尺寸】按钮，标注刚才放置圆的尺寸，并单击上方菜单栏的 ⬚【半径】选项，放置在合适位置，如图 6-146 所示。

（13）单击【主页】选项卡【相关】区域的 ⊘【相切】按钮，依次单击刚刚绘制的半径为 49mm 的圆与右侧上下两圆相切，如图 6-147 所示。

（14）单击【绘制草图】选项卡【绘图】区域的 ⊑【修剪】按钮，在图纸中多余的部分上划过即可删除多余线段，如图 6-148 所示。

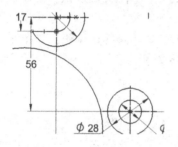

图 6-145　放置视图

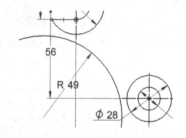

图 6-146　标注尺寸

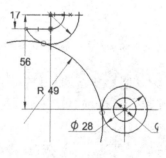

图 6-147　相切

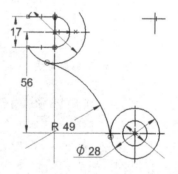

图 6-148　删除多余线段

（15）单击【主页】选项卡【绘图】区域下的 ⊙·【圆】按钮下的【中心和点画圆】，在弹出的菜单栏中的 直径(D)： .00 mm ▼【直径】中填入值 14mm 和 28mm，在右侧的点画线中心绘制直径分别为 14mm 和 28mm 的同心圆，如图 6-149 所示。

（16）单击【主页】选项卡【尺寸】区域下的 ⊬【智能尺寸】按钮，标注刚才放置的同心圆的尺寸，如图 6-150 所示。

（17）单击【主页】选项卡【绘图】区域下的 ⁄·【直线】按钮，绘制 3 条如图 6-151 所示的水平直线。

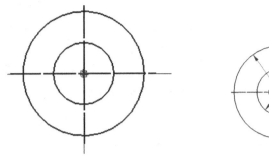
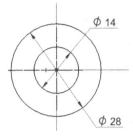

图 6-149　绘制同心圆　　　　　　图 6-150　标注尺寸

（18）单击【主页】选项卡【绘图】区域下的 ⬚ ▾【圆角】，在弹出的菜单栏中的 ⬚ 半径(R)：⬚ ▾ 【半径】中填入值 8mm，依次点击直线与左侧的外圆完成圆角的绘制，如图 6-152 所示。

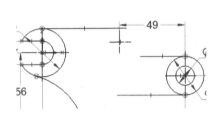
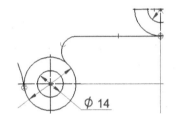

图 6-151　绘制直线　　　　　　　图 6-152　绘制圆角

（19）单击【绘制草图】选项卡【尺寸】区域下的 ⬚【智能尺寸】按钮，标注刚才绘制的圆角尺寸，放置在合适位置，如图 6-153 所示。

（20）单击【主页】选项卡【绘图】区域下的 ⬚ ▾【圆】按钮下的【中心和点画圆】，在弹出的菜单栏中的 直径(D)：⬚.00 mm ▾ 【直径】中填入值 14mm 和 28mm，在上侧的点画线中心绘制直径分别为 14mm 和 28mm 的同心圆，如图 6-154 所示。

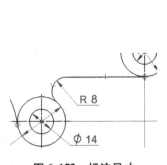
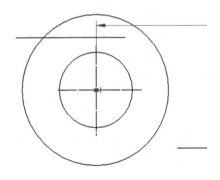

图 6-153　标注尺寸　　　　　　　图 6-154　绘制同心圆

（21）单击【主页】选项卡【尺寸】区域下的 ⬚【智能尺寸】按钮，标注刚才放置的同心圆的尺寸，如图 6-155 所示。

（22）单击【主页】选项卡【相关】区域的 ⑥ 【相切】按钮，依次单击刚刚绘制的半径为 14mm 的圆与水平直线相切，如图 6-156 所示。

（23）单击【主页】选项卡【绘图】区域下的 ⌐ 【圆角】，在弹出的菜单栏中的 ⌐半径(R)： 0.01 mm ▾ 【半径】中填入值 11mm，依次单击直线与半径为 14mm 的圆完成圆角的绘制，如图 6-157 所示。

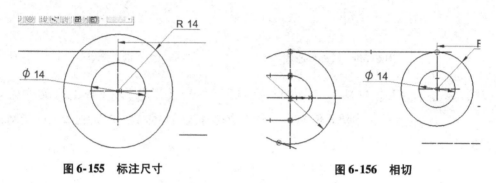

图 6-155　标注尺寸　　　　　　　　　　图 6-156　相切

（24）单击【绘制草图】选项卡【尺寸】区域下的 ↦ 【智能尺寸】按钮，标注刚才绘制的圆角尺寸，放置在合适位置，如图 6-158 所示。

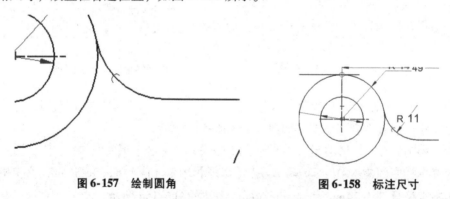

图 6-157　绘制圆角　　　　　　　　　　图 6-158　标注尺寸

（25）单击【绘制草图】选项卡【绘图】区域的 ⌐ 【修剪】按钮，在图纸中多余的部分上划过即可删除多余线段，如图 6-159 所示。

（26）单击【主页】选项卡【绘图】区域下的 ○ 【圆】按钮下的【中心和点画圆】，在弹出的菜单栏中的 直径(D)： .00 mm ▾ 【直径】中填入值 12mm，如图 6-160 所示。

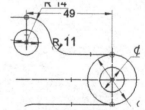

图 6-159　删除多余线段

（27）在图纸的右侧点画线上单击放置圆直径为 12mm 的圆，如图 6-161 所示。

（28）单击【主页】选项卡【尺寸】区域下的 ↦ 【智能尺寸】按钮，标注刚才放置的圆的尺寸，并单击上方菜单栏的 ↱ 【半径】选项，放置在合适位置，并标注该圆到右侧圆心的距离为 42mm, 如图 6-162 所示。

图 6-160 填入直径尺寸

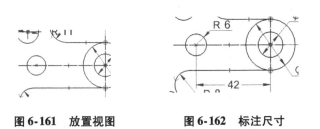

图 6-161 放置视图　　　　**图 6-162 标注尺寸**

(29) 单击【主页】选项卡【绘图】区域下的 ⊙·【圆】按钮下的【中心和点画圆】, 在弹出的菜单栏中的 直径(D): .00 mm ▼【直径】中填入值 22mm, 如图 6-163 所示。

图 6-163 填入直径尺寸值

(30) 在刚刚绘制的圆的左上方一点放置直径为 22mm 的圆, 如图 6-164 所示。

(31) 单击【主页】选项卡【尺寸】区域下的 ⚡️【智能尺寸】按钮, 标注刚才放置的圆的尺寸, 并单击上方菜单栏的 📐【半径】选项, 放置在合适位置, 并标注该圆到右侧圆心的距离为 32mm、到下侧圆心的距离为 45mm, 如图 6-165 所示。

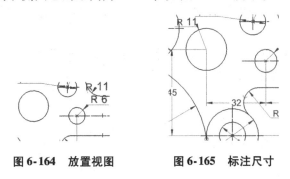

图 6-164 放置视图　　　　**图 6-165 标注尺寸**

(32) 单击【主页】选项卡【绘图】区域下的 ⊙·【圆】按钮下的【中心和点画圆】, 在弹出的菜单栏中的 直径(D): .00 mm ▼【直径】中填入值 72mm, 在它能包围刚刚绘制的半径 11mm 和半径 6mm 的圆的位置放置, 如图 6-166 所示。

(33) 单击【主页】选项卡【尺寸】区域下的 ⚡️【智能尺寸】按钮, 标注刚才放置的圆的尺寸，并单击上方菜单栏的 ![半径]【半径】选项，放置在合适位置，如图6-167所示。

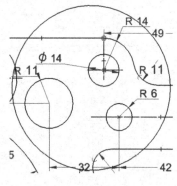
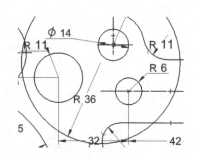

图6-166 绘制同心圆　　　　　　　图6-167 标注尺寸

（34）单击【主页】选项卡【相关】区域的 ![相切]【相切】按钮，依次单击刚刚绘制的半径为36mm的圆与内侧的两个圆，使其相切，如图6-168所示。

（35）单击【主页】选项卡【绘图】区域下的 ![圆角]【圆角】，在弹出的菜单栏中的 ![半径]【半径】中填入值21mm，依次单击半径为11mm的圆和半径为6mm的圆完成圆角的绘制，如图6-169所示。

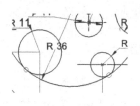
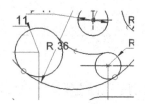

图6-168 相切　　　　　　　图6-169 绘制圆角

（36）单击【主页】选项卡【尺寸】区域下的 ![智能尺寸]【智能尺寸】按钮，标注刚才放置的圆角的尺寸，并单击上方菜单栏的 ![半径]【半径】选项，放置在合适位置，如图6-170所示。

（37）单击【绘制草图】选项卡【绘图】区域的 ![修剪]【修剪】按钮，在图纸中多余的部分上划过即可删除多余线段，如图6-171所示。

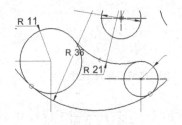
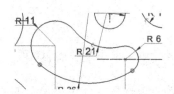

图6-170 标注尺寸　　　　　　　图6-171 删除多余线段

（38）单击【绘制草图】选项卡【相关】区域的 ![关系手柄]【关系手柄】按钮，可以关闭关系手柄。

（39）单击中心线或者尺寸，出现蓝色的点，可以拖动蓝色的点使其挪动到合适的
位置。

（40）至此夹钳草图绘制完成，如图 6-172 所示。

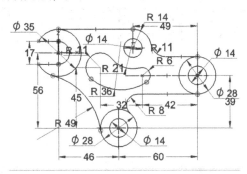

图 6-172 完成夹钳草图

第 7 章

三维建模实例

本章通过几个具体实例来展示一下三维建模的功能，展示的功能有拉伸、旋转、打孔、倒圆和肋板等。

7.1 箱体模型实例

箱体零件模型如图 7-1 所示，本模型使用的功能有拉伸、薄壁、打孔和圆角。

7.1.1 创建零件文件

启动 SolidEdge，选择【创建】菜单栏下的  【GB 零件】选项，如图 7-2 所示。

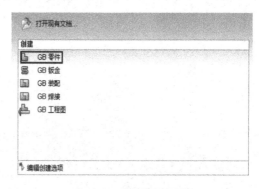

图 7-1 箱体零件模型　　　　　　图 7-2 创建零件文件

7.1.2 使用拉伸特征创建零件实体

（1）勾选【基本参考平面】菜单下的【前视图】选项，并选择【视图】工具菜单下的【前视图】视角（图 7-3），也可使用 Ctrl + F 快捷键完成视角操作。

（2）单击【实体】功能栏内的【拉伸】按钮，在自动弹出的功能菜单中单击【重合平面】按钮，然后选择前视图可自动进入绘制草图界面，选择【中心创建矩形】工具，画出如图 7-4 所示的草图图形。

（3）选择【圆角】工具，输入半径为【10.00mm】，绘制如图 7-5 所示的圆角。

（4）选择【智能尺寸】工具，标注如图 7-6 所示的尺寸。

图 7-3　选定"前视图"

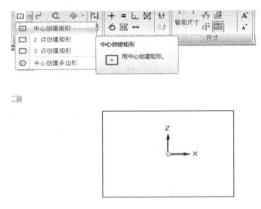

图 7-4　绘制草图

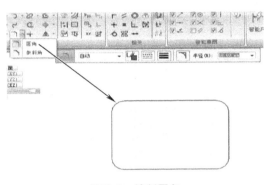

图 7-5　绘制圆角

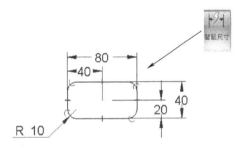

图 7-6　标注尺寸

（5）草图绘制完成单击 [✓]【确定】按钮，程序自动弹出拉伸范围功能菜单，如图 7-7 所示。拉伸范围为【指定深度】，范围数值输入【50mm】，按 Enter 键确认输入。

图 7-7　拉伸深度

★注意：需要同时拉伸多个区域时按住 Shift 或者 Ctrl 键。

7.1.3 使用薄壁功能完成零件薄壁模型

（1）选择【主页】下【实体】菜单栏中的【薄壁】特征，在自动弹出的功能菜单栏中单击【薄壁-同一厚度】按钮和【薄壁-内向偏置】按钮，将【同一厚度】改为 3mm，如图 7-8 所示。

（2）单击【薄壁-开放面】按钮，再单击【链】按钮，并单击拉伸的零件实体上表面，完成后单击 ✅【确定】按钮，单击【预览】能看到效果图，最后单击【完成】按钮，如图 7-9 所示。

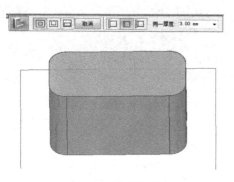

图 7-8　薄壁尺寸

图 7-9　薄壁特征

7.1.4 使用拉伸功能完成零件模型

（1）选择【实体】功能栏内的【拉伸】按钮，在自动弹出的功能菜单中单击【重合平面】按钮，单击零件的前面可自动进入绘制草图界面，选择【中心创建矩形】工具，绘制一个中心矩形，再选择【圆角】工具，输入半径值为【5.00mm】，并单击矩形的下边两角，最后选择【智能尺寸】工具，绘制如图 7-10 所示的草图图形。

（2）草图绘制完成后单击 ✅【确定】按钮，程序自动弹出拉伸范围功能菜单，如图 7-11 所示。拉伸范围为【指定深度】，范围数值输入【20.00mm】，按 Enter 键确认输入。

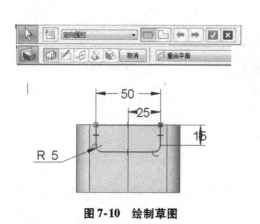

图 7-10　绘制草图

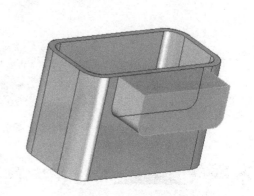

图 7-11　拉伸深度

7.1.5　完成模型上孔的绘制

（1）选择【主页】下【实体】菜单栏中的【打孔】特征，在自动弹出的功能菜单栏中单击【打孔-孔选项】按钮，类型改为螺纹孔，在程序弹出的菜单栏中选择孔的直径为【5mm】，单击【确定】按钮，如图 7-12 所示。

（2）在程序自动弹出的草图绘制界面中，绘制如图 7-13 所示的草图，单击 [✓] 【确定】按钮。

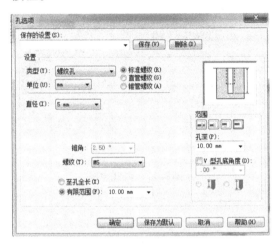

图 7-12　设置孔径

图 7-13　打孔草图

（3）在程序自动弹出功能菜单栏中单击【打孔-打孔范围】按钮，选择【打孔-有限范围】选项，距离为【10.00mm】，如图 7-14 所示方向，按 Enter 键确认输入。

（4）重复上一步的打孔操作，选择【主页】下【实体】菜单栏中的【打孔】特征，在自动弹出的功能菜单栏中单击【打孔-孔选项】按钮，类型改为螺纹孔在程序弹出的菜单栏中选择孔的直径为【8mm】，单击【确定】按钮，如图 7-15 所示。

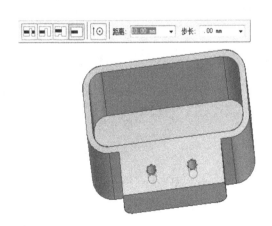

图 7-14　打孔方向

图 7-15　设置孔径

（5）在程序自动弹出的草图绘制界面中，绘制如图 7-16 所示的草图，单击 ☑ 【确定】按钮。

（6）在程序自动弹出功能菜单栏中单击【打孔-打孔范围】按钮，选择【打孔-有限范围】选项，距离为【5.00mm】，确定如图 7-17 所示方向，按 Enter 键确认输入。

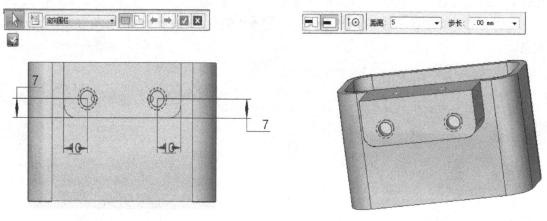

图 7-16　绘制草图　　　　　　　　　　　　图 7-17　打孔方向

7.1.6　使用拉伸功能完成零件模型

（1）单击【实体】功能栏内的【拉伸】按钮，在自动弹出的功能菜单中单击【重合平面】按钮，然后单击零件的右面可自动进入绘制草图界面，选择【中心和点画圆】工具，绘制一个圆，选择【智能尺寸】工具，绘制如图 7-18 所示的草图图形。

（2）草图绘制完成后单击 ☑ 【确定】按钮，程序自动弹出【拉伸范围】功能菜单，如图 7-19 所示。拉伸范围为【指定深度】，范围数值输入【10.00mm】，按 Enter 键确认输入。

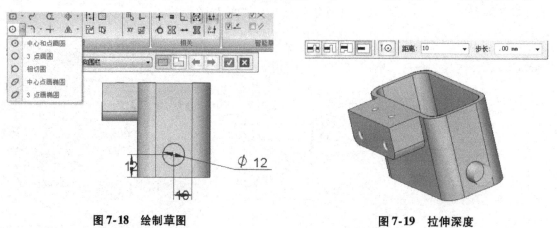

图 7-18　绘制草图　　　　　　　　　　　　图 7-19　拉伸深度

7.1.7　绘制模型倒圆角

选择【主页】下【实体】菜单栏中的【倒圆】特征，在自动弹出的功能菜单栏中选择

【链】选项，并且把【半径】改为【3mm】，
然后单击需要改的倒圆，单击 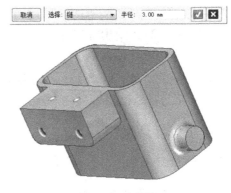 【确定】按
钮，如图7-20所示。

7.1.8　完成模型其余的孔

（1）单击【实体】功能栏内的【打孔】
按钮，在自动弹出的功能菜单中单击【重合
平面】按钮，如图7-21所示。

（2）选择零件突出圆柱体的平面，在自
动弹出的功能菜单中选择【自动】选项，单
击 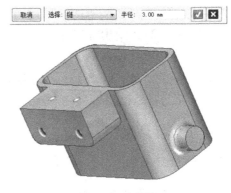 【确定】按钮，如图7-22所示。

图 7-20　倒圆角

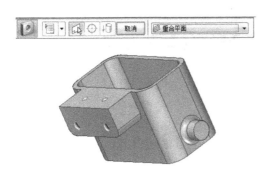

图 7-21　打孔

图 7-22　选择孔中心

（3）在自动弹出的功能菜单中选择【孔选项】选项，类型选择【螺纹孔】选项，直径
选择【8mm】，单击 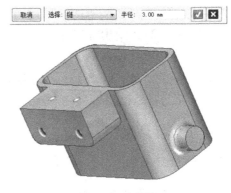 【确定】按钮，如图7-23所示。

（4）在自动弹出的功能菜单中选择【打孔-穿过下一个】命令，鼠标单击选择打孔的方
向，最后单击【完成】按钮，如图7-24所示。

图 7-23　孔配置

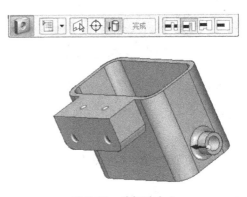

图 7-24　选择孔中心

7.2 杆件零件模型实例

杆件零件模型如图 7-25 所示。此模型主要介绍旋转功能、除料功能、阵列功能与镜像功能。

7.2.1 创建零件文件

启动 SolidEdge，选择【创建】菜单栏下的 ⬜【GB 零件】选项。

7.2.2 绘制轴承草图

（1）勾选【基本参考平面】菜单下的【前视图】选项，并选择【视图】工具菜单下的【前视图】视角，也可使用快捷键 Ctrl + F 完成视角操作，如图 7-26 所示。

（2）选择【绘图】工具菜单下的【直线】工具，绘制出如图 7-27 所示的草图。

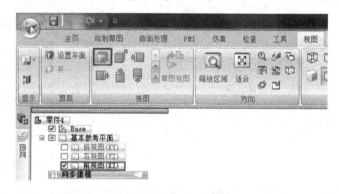

图 7-26　选定"前视图"

（3）绘制倒斜角。单击【绘图】下的【圆角】按钮，选择【倒斜角】选项，在自动弹出的功能菜单栏中，设置角度为【45 度】、【深度 A】为【2mm】、【深度 B】为【2mm】，选择需要建立倒角的两个边，如图 7-28 所示。

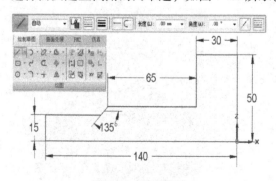

图 7-27　绘制草图

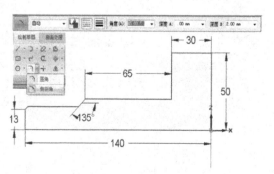

图 7-28　绘制倒斜角

7.2.3　使用旋转特征生成零件实体

单击【主页】下【实体】菜单栏中的【旋转】按钮，自动弹出功能菜单栏，在【旋转范围】的下拉菜单中选择【360】度，如图 7-29 所示。根据窗口下方【提示条】内的信息，选择草图矩形为旋转体，按 Enter 键确定。再选择草图中矩形最下边的直线为旋转轴，按 Enter 键确定，如图 7-30 所示。

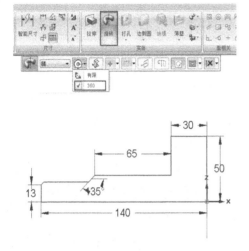

图 7-29　旋转特征

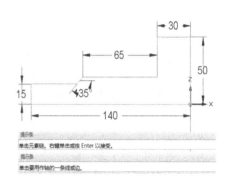

图 7-30　旋转特征

7.2.4　使用除料特征

（1）选择视角为【前视图】视角，使用【绘制草图】菜单栏下的【直线】工具绘制如图 7-31 所示的草图。

（2）单击【主页】下【实体】菜单栏中的【拉伸】按钮，自动弹出功能菜单栏，在【拉伸-填料/除料】的下拉菜单中选择【除料】选项，如图 7-32 所示。

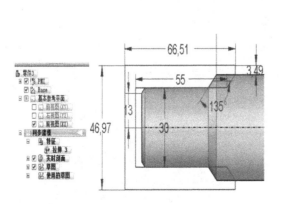

图 7-31　绘制除料草图

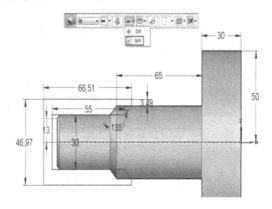

图 7-32　除料特征

7.2.5 使用镜像和阵列功能完成杆件

（1）在【拉伸-范围类型】下拉菜单中选择【穿过下一个】。然后单击矩形草图，单击右键或者按 Enter 键确认。选择拉伸的方向，如图 7-33 所示。

（2）选中特征【除料 5】，然后单击【主页】菜单下的【阵列】功能区中的【镜像】按钮，选择【前视图】为镜像面，完成除料的镜像，如图 7-34 所示。

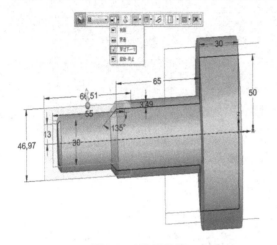

图 7-33 除料特征

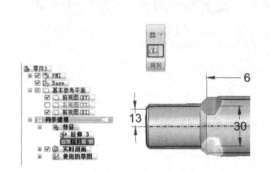

图 7-34 镜像功能

（3）选中特征【除料 5】，然后单击【主页】菜单下的【阵列】功能区中的【圆形阵列】按钮，选择杆件的中轴线为阵列的中心轴线，选择如图 7-35 所示的方向。

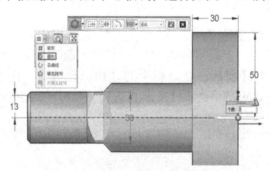

图 7-35 阵列功能

7.3 轴套零件模型实例

轴套零件模型如图 7-36 所示。此模型主要介绍倒角绘制、旋转功能和拉伸功能。

图 7-36 轴套零件模型

7.3.1 创建零件文件

启动 SolidEdge，选择【创建】菜单栏下的 ⬜【GB 零件】选项。

7.3.2　绘制轴套草图

（1）勾选【基本参考平面】菜单下的【前视图】选项，并选择【视图】工具菜单下的【前视图】视角，也可使用快捷键 Ctrl + F 完成视角操作，如图 7-37 所示。

（2）单击【绘图】工具菜单下的【直线】按钮，绘制出如图 7-38 所示的草图。

图 7-37　选定"前视图"　　　　　　　　　　　图 7-38　绘制草图

（3）绘制倒斜角。单击【绘图】下的【圆角】按钮，选择【倒斜角】选项，在自动弹出的功能菜单栏中，设置角度为【45】度、【深度 A】为【2mm】、【深度 B】为【2mm】，选择需要建立倒角的两个边，如图 7-39 所示。

（4）绘制倒圆角。单击【绘图】下的【圆角】按钮，选择【圆角】，在自动弹出的功能菜单栏中，半径为【2mm】，选择需要建立倒角的两个边，如图 7-40 所示。

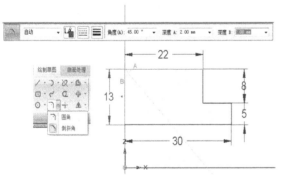

图 7-39　绘制倒斜角　　　　　　　　　　　图 7-40　绘制倒圆角

7.3.3　使用旋转特征生成零件实体

单击【主页】下【实体】菜单栏中的【旋转】按钮，自动弹出功能菜单栏，在【旋转范围】的下拉菜单中选择【360】度，如图 7-41 所示。根据窗口下方【提示条】内的信息，选择草图矩形为旋转体，单击右键或者按 Enter 键确认输入。再选择草图中的直线为旋转轴，单击右键或者按 Enter 键确认输入，如图 7-42 所示。

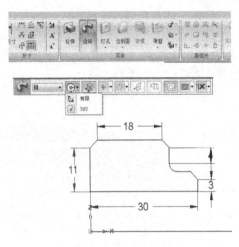

图 7-41　旋转特征

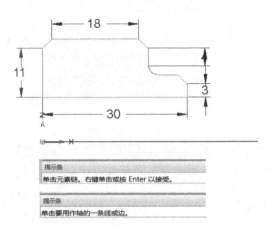

图 7-42　旋转特征

7.3.4　使用拉伸特征创建零件槽

（1）选择视角为【左视图】视角，使用【绘制草图】菜单栏下的【直线】工具绘制如图 7-43 所示的草图。

（2）单击【主页】下【实体】菜单栏中的【拉伸】按钮，自动弹出功能菜单栏，在【拉伸-填料/除料】的下拉菜单中选择【除料】，如图 7-44 所示。

（3）在【拉伸-范围类型】下拉菜单中选择【穿过下一个】。然后单击矩形草图，右键或者 Enter 键确认，如图 7-45 所示。

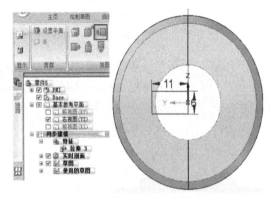

图 7-43　绘制拉伸草图

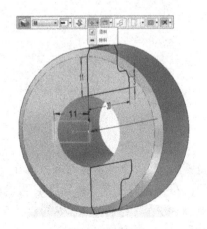

图 7-44　拉伸特征

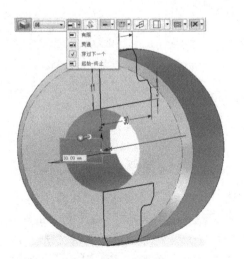

图 7-45　拉伸特征

7.4　支座零件模型实例

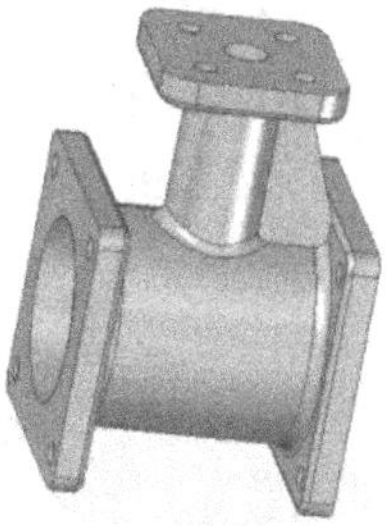

支座零件模型如图 7-46 所示，本模型使用的功能有拉伸、镜像、除料、倒角、肋板和打孔。

图 7-46　支座零件模型

7.4.1　创建零件文件

启动 SolidEdge，选择【创建】菜单栏下的 【GB 零件】选项。

7.4.2　使用拉伸特征创建零件实体

（1）勾选【基本参考平面】菜单下的【前视图】选项，并选择【视图】工具菜单下的【前视图】视角，也可使用快捷键 Ctrl + F 完成视角操作，如图 7-47 所示。

图 7-47　选定"前视图"

（2）单击【实体】功能栏内的【拉伸】按钮，在自动弹出的功能菜单中选择【重合平面】选项，然后选择【前视图】可自动进入绘制草图界面，绘制如图 7-48 所示的草图。

（3）草图绘制完成单击 【确定】按钮，程序自动弹出拉伸范围功能菜单，如图 7-49 所示。选择拉伸形式为【对称拉伸】，拉伸范围为【指定深度】，范围数值输入【70】，按 Enter 键确认输入。

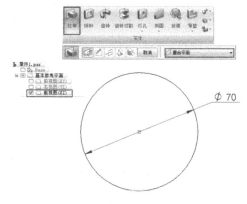

图 7-48　绘制草图

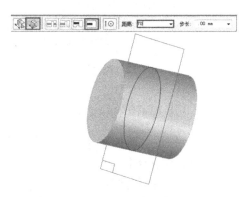

图 7-49　拉伸深度

（4）继续选择【拉伸】功能，在程序自动弹出的功能菜单栏中选择【平行平面】。选择平行的参照面为前视图，距离为【35mm】，按 Enter 键确认输入，如图 7-50 所示。

（5）在程序自动弹出的草图绘制界面中，绘制如图 7-51 所示的草图，单击 ✅【确定】按钮。

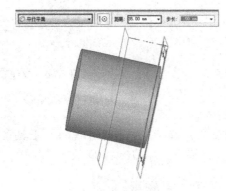

图 7-50　拉伸基准面

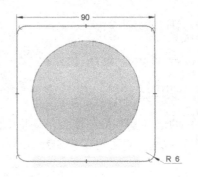

图 7-51　绘制草图

（6）程序自动弹出拉伸范围功能菜单，如图 7-52 所示。选择拉伸形式为【指定深度】，范围数值输入【10mm】，按 Enter 键确认输入。

（7）选择【阵列】功能区下的镜像功能，系统自动弹出功能菜单栏，选择【智能镜像】选项，单击【确定】按钮，在程序自动弹出的界面中选择前视图为镜像面，按 Enter 键确认输入，如图 7-53 所示。

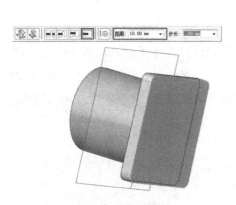

图 7-52　拉伸深度

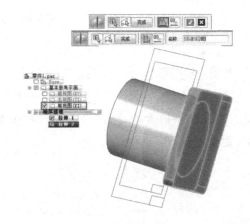

图 7-53　镜像

7.4.3　使用打孔功能绘制板上的孔

（1）单击【主页】下【实体】菜单栏中的【打孔】按钮，在自动弹出的功能菜单栏中单击【打孔-孔选项】，在程序弹出的菜单栏中选择孔的直径为【8mm】，单击【确定】按钮，返回功能菜单栏选择【重合平面】选项，如图 7-54 所示。

（2）在程序自动弹出的草图绘制界面中，绘制如图 7-55 所示的草图，单击 ✅【确定】按钮。

图 7-54　孔径设置

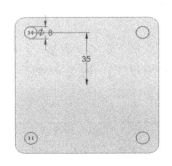

图 7-55　绘制草图

（3）在程序自动弹出功能菜单栏中单击【打孔-打孔范围】，选择【打孔-贯通】，如图 7-56 所示，按 Enter 键确认输入。

图 7-56　打孔范围

7.4.4　使用拉伸功能完成零件模型

（1）单击【实体】功能栏内的【拉伸】按钮，在自动弹出的功能菜单中选择【重合平面】选项，然后选择板一侧的内端面可自动进入绘制草图界面，绘制如图 7-57 所示的草图。

（2）草图绘制完成后单击 ✅ 【确定】按钮，程序自动弹出拉伸范围功能菜单。选择拉伸形式为【穿过下一个】，确定如图 7-58 所示方向，按 Enter 键确认输入。

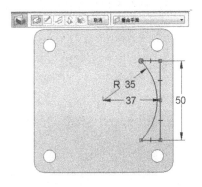

图 7-57　绘制草图

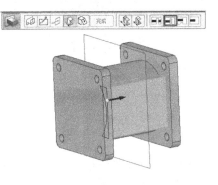

图 7-58　拉伸范围

（3）单击【实体】功能栏内的【拉伸】按钮，在自动弹出的功能菜单中选择【重合平面】选项，然后选择【俯视面】可自动进入绘制草图界面，绘制如图7-59所示的草图，圆的直径为【33mm】。

（4）草图绘制完成后单击 【确定】按钮，程序自动弹出拉伸范围功能菜单。选择拉伸形式为【有限范围】，输入拉伸值为【83mm】，确定如图7-60所示方向，按Enter键确认输入。

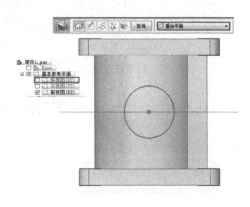

图7-59　绘制草图

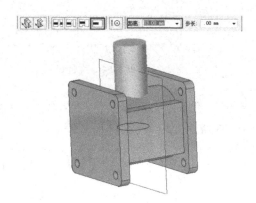

图7-60　拉伸深度

（5）单击【实体】功能栏内的【拉伸】按钮，在自动弹出的功能菜单中选择【重合平面】选项，然后选择圆柱顶端，可自动进入绘制草图界面，绘制如图7-61所示的草图。

（6）草图绘制完成后单击 【确定】按钮，程序自动弹出拉伸范围功能菜单。选择拉伸形式为【有限范围】，输入拉伸值为【10mm】，确定如图7-62所示方向，按Enter键确认输入。

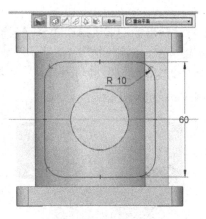

图7-61　绘制草图

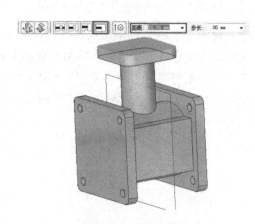

图7-62　拉伸深度

7.4.5　绘制模型倒圆角

单击【实体】功能区中的【倒圆】功能，程序自动弹出功能菜单栏，输入半径值

【4mm】，在模型上需要绘制倒圆角的边，如图 7-63 所示。

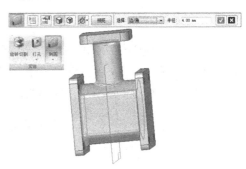

7.4.6 完成模型上其他孔的绘制

（1）单击【主页】下【实体】菜单栏中的【打孔】特征，在自动弹出的功能菜单栏中单击【打孔-孔选项】，在程序弹出的菜单栏中选择孔的直径为【8mm】，单击【确定】按钮，返回功能菜单栏选择【重合平面】选项，如图 7-64 所示。

图 7-63 倒圆角

（2）在程序自动弹出的草图绘制界面中，绘制如图 7-65 所示的草图，单击 ✅【确定】按钮。

图 7-64 设置孔径

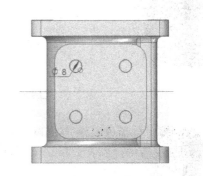

图 7-65 绘制草图

（3）在程序自动弹出功能菜单栏中单击【打孔-打孔范围】选择【打孔-穿过下一个】，确定如图 7-66 所示方向，按 Enter 键确认输入。

（4）重复上一步的打孔操作，绘制模型实体的主要孔模型，小孔径为【15mm】，大孔径为【60mm】，如图 7-67 所示。

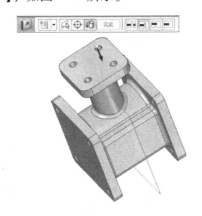

图 7-66 打孔方向

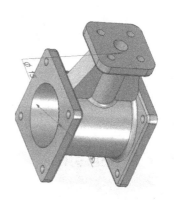

图 7-67 打孔

7.4.7 绘制模型肋板

（1）选择【实体】功能区内的【薄壁】功能，选择下拉菜单中的【肋板】选项，如图 7-68 所示。在自动弹出的功能菜单栏中选择【重合平面】选项，选择【右视图】选项。

（2）在自动弹出的绘制草图界面绘制如图 7-69 所示的草图，单击 ☑ 【确定】按钮。

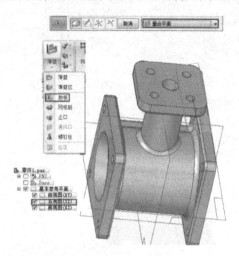

图 7-68 肋板功能

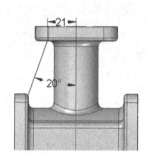

图 7-69 绘制草图

（3）程序自动进入规定肋板方向界面，输入肋板厚度值【20mm】，方向如图 7-70 所示，按 Enter 键确认输入。

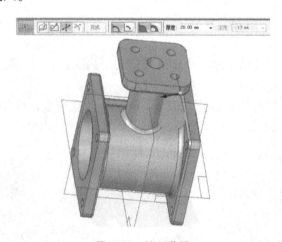

图 7-70 绘制草图

7.5 螺纹杆件模型实例

螺纹杆件模型如图 7-71 所示，本模型使用的功能有旋转、螺纹、槽、打孔、除料和阵列。

图 7-71 螺纹杆件模型

7.5.1　创建零件文件

启动 SolidEdge，选择【创建】菜单栏下的 ▯ 【GB 零件】选项。

7.5.2　使用旋转特征创建零件实体

（1）勾选【基本参考平面】菜单下的【前视图】选项，并选择【视图】工具菜单下的【前视图】视角，也可使用快捷键 Ctrl + F 完成视角操作，如图 7-72 所示。

图 7-72　选定"前视图"

（2）单击【实体】功能栏内的【旋转】按钮，在自动弹出的功能菜单中选择【重合平面】选项，然后选择前视图可自动进入绘制草图界面，绘制如图 7-73 所示的草图。使用【绘图】工具栏下的【旋转轴】功能，将草图图形最下边的边设为旋转轴。

（3）草图绘制完成单击 ☑ 【确定】按钮，程序自动弹出旋转角度功能菜单，如图 7-74 所示。输入旋转角度值【360】度，按 Enter 键确认输入。

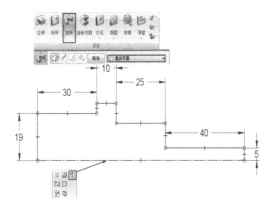

图 7-73　绘制草图

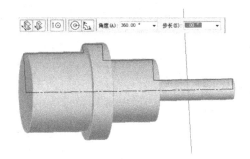

图 7-74　旋转角度

7.5.3　绘制螺纹

（1）单击【打孔】功能下拉菜单内的【螺纹】按钮，系统会自动弹出【螺纹选项】的菜单栏，设置螺纹类型，单击【确定】按钮，如图 7-75 所示。

（2）选择绘制螺纹的圆柱面，选择螺纹的起始边，如图 7-76 所示，设置螺纹的长度为【有限值】，输入长度值【20mm】，螺纹类型选择【Tr 10x1.5】。

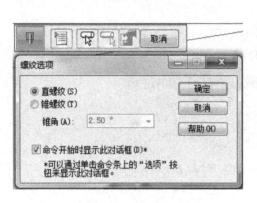

图 7-75　螺纹选项

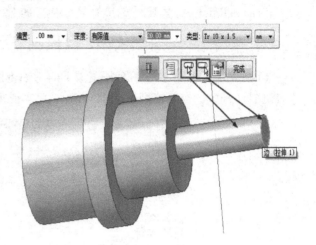

图 7-76　绘制螺纹

7.5.4　绘制键槽

（1）选择【打孔】功能下拉菜单内的【槽】，在系统自动弹出的功能菜单栏中设置【槽选项】，槽宽度输入值为【10mm】。选择绘制平面的类型为【平行平面】，基准面为前视面，距离为【12mm】，如图 7-77 所示。

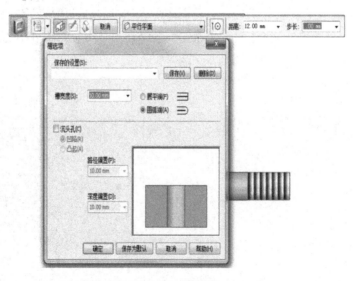

图 7-77　槽选项

（2）系统自动进入绘制草图界面，绘制如图 7-78 所示的草图，单击 ☑【确定】按钮。

（3）系统自动弹出设置槽深度的菜单栏，选择槽深度为【有限范围】，输入深度值为【20mm】，方向如图 7-79 所示。

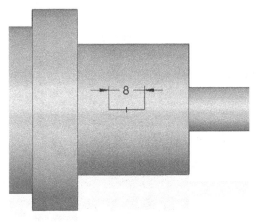

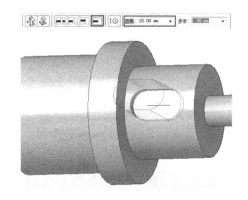

图 7-78　键槽草图　　　　　　　　　　　图 7-79　键槽深度

7.5.5　使用除料功能绘制轴端

（1）单击【主页】下【实体】菜单栏中的【除料】特征，在自动弹出的功能菜单栏中选择【重合平面】选项，重合的基准面为前视图。系统自动弹出草图界面，绘制如图 7-80 所示的草图，单击 ✅【确定】按钮。

（2）在程序自动弹出的除料范围功能菜单栏中选择【选择切割-有限范围】选项，输入角度值【360】度，如图 7-81 所示。

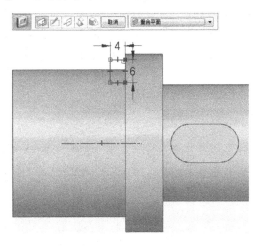

图 7-80　除料功能　　　　　　　　　　　图 7-81　旋转除料范围

（3）继续【除料】特征，在自动弹出的功能菜单栏中选择【重合平面】选项，重合的基准面为前视图。系统自动弹出草图界图，绘制如图 7-82 所示的草图，单击 ✅【确定】按钮。

（4）在程序自动弹出的除料范围功能菜单栏中选择【选择切割-有限范围】选项，输入角度值【360】度，如图 7-83 所示。

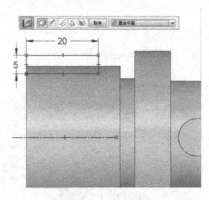

图 7-82　除料草图

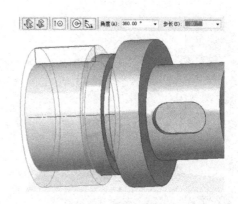

图 7-83　旋转除料范围

7.5.6　使用打孔功能绘制板上的孔

（1）单击【主页】下【实体】菜单栏中的【打孔】
特征，在自动弹出的功能菜单栏中单击【打孔-孔选
项】，在程序弹出的菜单栏中选择孔的直径为【30mm】，
如图 7-84 所示，单击【确定】按钮，返回功能菜单栏
选择【重合平面】选项，选择轴端面为基准面。

（2）在程序自动弹出的草图绘制界面中，绘制如
图 7-85 所示的草图，单击 ✅ 【确定】按钮。

（3）在程序自动弹出功能菜单栏中单击【打孔-
打孔范围】按钮，选择【打孔-有限范围】选项，输
入打孔深度值【23mm】，如图 7-86 所示，按 Enter 键
确认输入。

图 7-84　孔径设置

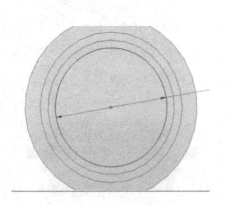

图 7-85　绘制草图

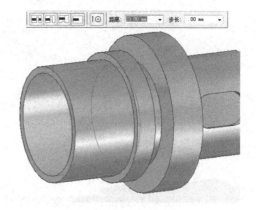

图 7-86　打孔范围

7.5.7　使用除料功能绘制轴端卡槽

（1）单击【主页】下【实体】菜单栏中的【除料】特征，在自动弹出的功能菜单栏

中选择【重合平面】选项，以轴端孔的内端面为基准面。系统自动弹出草图界面，绘制如图 7-87 所示的草图，单击 ✅【确定】按钮。

（2）在系统自动弹出的除料范围功能菜单栏中选择【除料-有限范围】选项，输入除料范围值【20mm】，如图 7-88 所示。

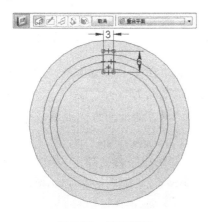

图 7-87　绘制草图

图 7-88　除料范围

7.5.8　阵列卡槽除料

（1）单击【实体】功能区中的【阵列】功能，选择阵列的对象为卡槽除料，系统会自动弹出功能菜单。选择【重合平面】为孔的内端面，如图 7-89 所示。

（2）系统自动进入阵列界面，先选择阵列圆的圆心，然后输入半径，设置阵列的个数值为【3】个，如图 7-90 所示，单击 ✅【确定】按钮。

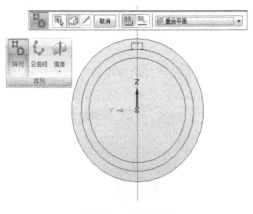

图 7-89　阵列功能

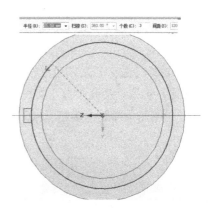

图 7-90　阵列参数

7.6　饮料杯模型实例

杯子模型如图 7-91 所示，本模型使用的功能有草图、创建平面、放样、扫掠、交点、投影、布尔运算和薄壁。

7.6.1 创建零件文件

启动 SolidEdge，选择【创建】菜单栏下的 📄【GB 零件】
选项。

7.6.2 绘制杯体草图

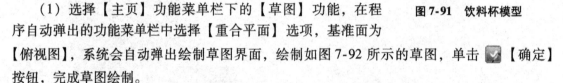

图 7-91　饮料杯模型

（1）选择【主页】功能菜单栏下的【草图】功能，在程
序自动弹出的功能菜单栏中选择【重合平面】选项，基准面为
【俯视图】，系统会自动弹出绘制草图界面，绘制如图 7-92 所示的草图，单击 ✅【确定】
按钮，完成草图绘制。

（2）选择【主页】功能菜单栏下的【草图】功能，在程序自动弹出的功能菜单栏中选
择【平行平面】，基准面为【俯视图】，距离值为【120mm】，如图 7-93 所示，在界面上任
意位置单击，确定使用平面。系统会自动弹出绘制草图界面，绘制如图 7-94 所示的草图，
单击 ✅【确定】按钮，完成草图绘制。

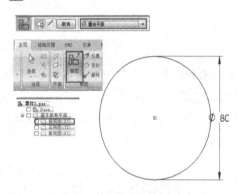

图 7-92　绘制杯底草图

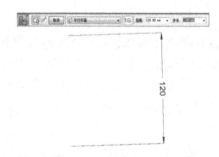

图 7-93　选择草图界面

（3）选择【主页】功能菜单栏下的【草图】功能，在程序自动弹出的功能菜单栏中选择
【重合平面】选项，基准面为【前视图】，系统会自动弹出绘制草图界面，绘制如图 7-95 所示
的草图，绘制两条曲线连接杯顶和杯底，单击 ✅【确定】按钮，完成草图绘制。

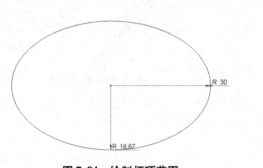

图 7-94　绘制杯顶草图

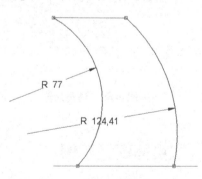

图 7-95　绘制杯体草图

7.6.3　使用放样功能创建杯体

（1）选择【实体】功能区中【添料】下拉菜单中的【放样】功能，在程序自动弹出的功能菜单栏中首先选择第一个，确定放样的横截面，选择方式为【从草图/零件边选择】，如图 7-96 所示，然后选择杯顶和杯底的草图，单击 ✔ 【确定】按钮。

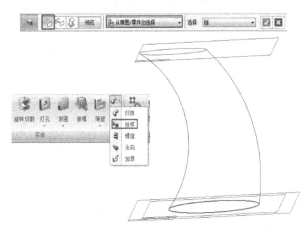

图 7-96　选择放样横截面

（2）第二步选择放样路径，选择方式仍然为【从草图/零件边选择】。首先选择杯体草图中的一条曲线，单击 ✔ 【确定】按钮，然后再选择另一条曲线，单击 ✔ 【确定】按钮，如图 7-97 所示，最后单击【预览】查看放样的效果图，检查无误后单击【完成】按钮，如图 7-98 所示。

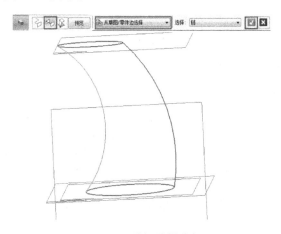

图 7-97　选择放样路径

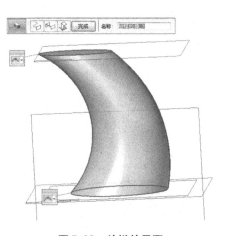

图 7-98　放样效果图

⭐注意：放样草图必须在不同的草图参考平面上；可以沿路径及断面进行放样。

7.6.4 使用扫掠功能绘制杯子手柄

（1）选择【主页】功能菜单栏下的【草图】功能，在程序自动弹出的功能菜单栏中选择【重合平面】选项，基准面为【前视图】，系统会自动弹出绘制草图界面，绘制如图 7-99 所示的草图，直线部分要保证与圆弧相切关系，单击 ✅ 【确定】按钮，完成草图绘制。

（2）选择【平面】功能区下【更多平面】功能，选择下拉菜单中的【垂直于曲线】命令，选择手柄草图的直线部分，位置如图 7-100 所示，在界面上任意位置单击，完成平面的创建。

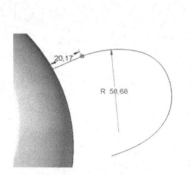

图 7-99　手柄草图

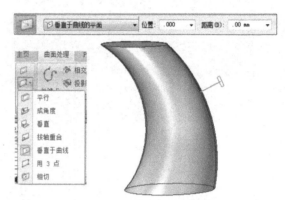

图 7-100　创建平面

（3）选择【曲面】功能区下的【交点】功能，在自动弹出的功能菜单栏中首先选择手柄草图的直线部分，单击 ✅ 【确定】按钮，然后选择上一步创建的平面，单击 ✅ 【确定】按钮，如图 7-101 所示。

（4）选择【主页】功能菜单栏下的【草图】功能，在程序自动弹出的功能菜单栏中选择【重合平面】选项，上一步中自定义的平面，系统会自动弹出绘制草图界面，绘制如图 7-102 所示的草图，圆心为自定义的交点，单击 ✅ 【确定】按钮，完成草图绘制。

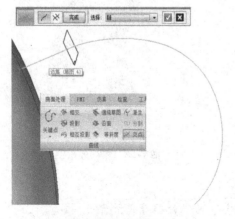

图 7-101　创建交点

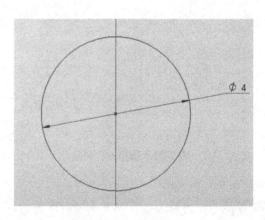

图 7-102　绘制草图

（5）选择【曲面处理】功能区下的【投影】功能，在程序自动弹出的功能菜单栏中选择投影曲线为在上一步中所画的圆，单击 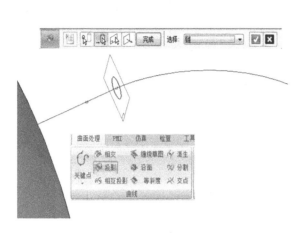【确定】按钮。选择投影面为杯体曲面，单击 【确定】按钮，单击【完成】按钮退出投影操作，如图 7-103 所示。

（6）重复上述（2）~（5）步的操作在手柄曲线的末端绘制如图 7-104 所示的平面和草图。

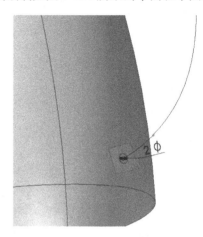

图 7-103　投影　　　　　　　　　　　　　图 7-104　绘制草图

（7）选择【实体】功能区下【添料】下拉菜单中的【扫掠】功能，系统自动弹出如图 7-105 所示的对话框，选择【多个路径和横截面】，单击【确定】按钮。

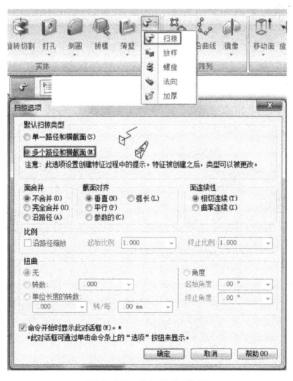

图 7-105　"扫掠"选项

（8）在系统自动弹出的选择界面中，首先选择手柄的草图为扫掠路线，单击 ✅【确定】按钮。然后选择绘制好的投影和两个圆的草图为横截面，单击 ✅【确定】按钮，如图 7-106 所示。点击【预览】按钮，检查扫掠效果图，检查无误后单击【完成】按钮，退出扫掠功能。

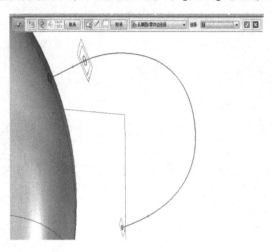

图 7-106　扫掠路径和横截面

★ 注意：扫掠必须有路径和截面，可以是多个路径和多个截面。

7.6.5　绘制杯底弧面

（1）选择【曲面】功能栏内的【拉伸】功能绘制拉伸曲面，在自动弹出的功能菜单中选择【重合平面】选项，选择【前视图】为草绘平面，绘制如图 7-107 所示的草图。

（2）草图绘制完成后单击 ✅【确定】按钮，程序自动弹出拉伸范围功能菜单。选择拉伸形式为【对称拉伸】，拉伸的范围为【有限值】，输入拉伸值为【80mm】，如图 7-108 所示，按 Enter 键确认输入。

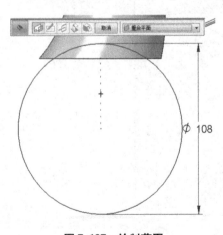

图 7-107　绘制草图

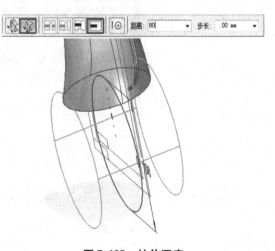

图 7-108　拉伸深度

（3）单击【实体】功能区中的【添加体】功能下拉菜单中的【减去功能】，首先选择杯体作为要操作的实体，单击 【确定】按钮，然后选择拉伸的曲面为减去的边界面，再单击 【确定】按钮，如图 7-109 所示，检查效果无误后单击【完成】按钮退出。

图 7-109 拉伸深度

7.6.6 使用薄壁功能完成杯子内部的绘制

单击【主页】下【实体】菜单栏中的【薄壁】特征，在自动弹出的功能菜单栏中单击【薄壁-同一厚度】按钮，然后选择【薄壁-向内编制】选项，输入壁厚值为【3mm】，然后单击杯子的上表面，按 Enter 键，绘制如图 7-110 所示的杯子内壁。

图 7-110 杯子内壁

第8章

装配体实例

本章通过几个具体实例来展示一下装配体的功能，展示的功能有插入零件、设置配合等。

8.1 钢架结构装配实例

钢架结构模型如图 8-1 所示，本模型使用的配合类型有轴对齐、面对齐和面匹配，此外还用到了面匹配中的距离配合。

8.1.1 插入零件 1 与零件 2 并进行配合

（1）启动中文版 SolidEdge，在自动弹出的对话框单击【GB 装配】按钮，如图 8-2 所示。

（2）单击左侧【零件库】对话框，单击选择文件的下拉箭头按钮，选择需要装配的零件所在文件夹，如图 8-3 所示。

图 8-1 钢架结构模型

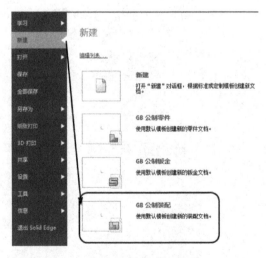

图 8-2 新建装配体窗体

（3）按住鼠标左键把【零件 1】拖到需要安装的区域，可以单击所添加的【零件】，看到【零件 1】的装配关系为【固定】关系，如图 8-4 所示。

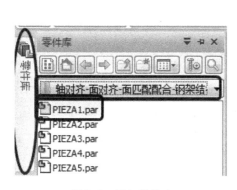

图 8-3　插入零件 1

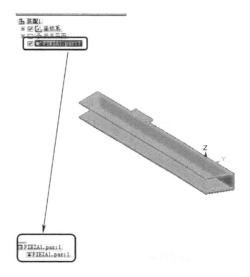

图 8-4　零件装配状态

（4）插入【零件 2】，零件透明区域状态下为智能装配状态，智能装配状态下的相关关系不用单击，配合【零件 1】与【零件 2】时，只需要把需要配合的部位用左键点一下即可，首先需要配合【零件 1】和【零件 2】上表面面对齐配合，依次单击【零件 1】和【零件 2】的上表面进行面对齐配合，如图 8-5 所示。

（5）为使接下来【零件 1】和【零件 2】的侧面面对齐顺利配合，使用鼠标滚轮可以调整视图大小，使用鼠标左键按住并拖动鼠标可以调整视图方向，调整视角，如图 8-6 所示。

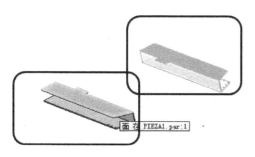

图 8-5　零件 1 与零件 2 面对齐配合

图 8-6　零件 1 与零件 2 面匹配配合

（6）再进行【零件 1】与【零件 2】的侧面的面对齐配合，依次单击【零件 1】和【零件 2】的侧面来进行面对齐配合，如图 8-7 所示。

（7）【零件 1】和【零件 2】配合后，可以单击【零件 1】或者【零件 2】来查看【零件 1】和【零件 2】的状态，单击【零件 2】实体或者左侧装配树中的【零件 2】，看到 为面对齐图标，如图 8-8 所示。

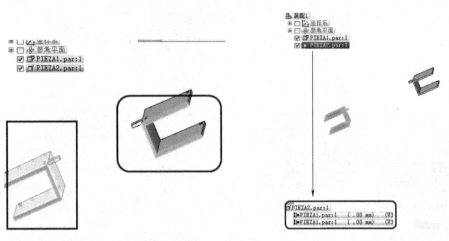

图 8-7 零件 1 与零件 2 侧面面对齐配合   图 8-8 零件 1 与零件 2 配合关系图

8.1.2 插入零件 3 并进行配合

（1）单击左侧【零件库】对话框，单击选择文件的下拉箭头按钮，选择需要装配的【零件】所在文件夹，并把【零件 3】拖到需要安装的区域，如图 8-9 所示。

（2）【零件】透明区域状态下为智能装配状态，智能装配状态下的相关关系不用单击，配合【零件 3】与【零件 1】时，单击【零件 3】的背部和【零件 1】的侧面，使【零件 3】贴在【零件 1】和【零件 2】侧面上，如图 8-10 所示。

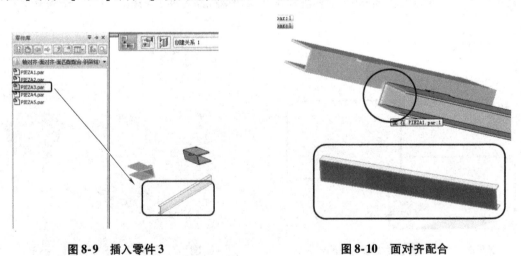

图 8-9 插入零件 3   图 8-10 面对齐配合

（3）由于智能配合不一定能达到想要的效果，如图 8-11 所示，明显反了，那么可以单击上面弹出的对话框的【翻转】调整方向，达到想要的效果，修正后如图 8-12 所示。

（4）配合【零件 3】和【零件 2】的面对齐配合，依次单击【零件 3】的侧面与【零件 1】的上表面，如图 8-13 所示。

（5）配合【零件 3】的侧面窄边与【零件 1】的侧面窄边的面对齐配合，如图 8-14 所示。

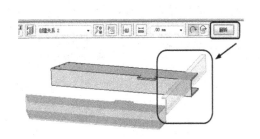

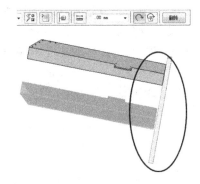

图 8-11　翻转配合方向　　　　　　　图 8-12　翻转成功

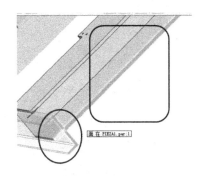

图 8-13　面对齐配合 1　　　　　　　图 8-14　面对齐配合 2

（6）配合【零件 3】的侧面窄边与【零件 2】的侧面窄边的面对齐配合，如图 8-15 所示，这样【零件 3】与【零件 1】和【零件 2】就配合完成了。

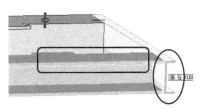

8.1.3　插入零件 4 并进行配合

（1）单击左侧【零件库】对话框，单击选择文件的下拉箭头按钮，选择需要装配的【零件】所在文件夹，并把【零件 4】拖到需要安装的区域，如图 8-16 所示。

图 8-15　面对齐配合 3

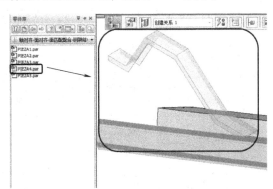

图 8-16　插入零件 4

（2）为了便于进行配合约束，先旋转【零件4】，单击【主页】菜单中的【修改】一栏中的【拖动部件】后，单击弹出窗口中的【确定】按钮，如图8-17所示。

（3）把【零件4】移动到可以和原先的零件配合的位置，如图8-18所示。

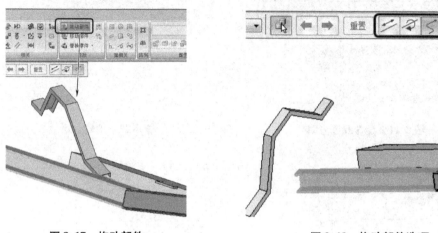

图 8-17　拖动部件　　　　　　　　　图 8-18　拖动部件选项

（4）配合【零件4】的侧面窄边与【零件2】的侧面窄边的面对齐配合，如图8-19所示。

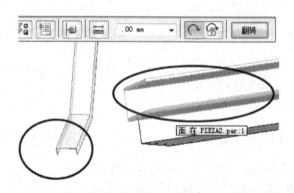

图 8-19　面对齐配合 1

（5）配合【零件4】的底面窄边与【零件2】的上表面面匹配配合，如图8-20所示。

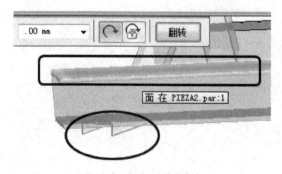

图 8-20　面匹配配合 2

（6）接下来的配合运用到了面匹配中的距离配合。【智能配合】中默认的距离为 0，也就是完全贴合。首先像之前一样依次单击【零件 4】的侧边与【零件 2】凸出的小边的侧边，如图 8-21 所示。

（7）之后把上方弹出的对话框的【偏置值】改 275mm，按 Enter 键确定，如图 8-22 所示。

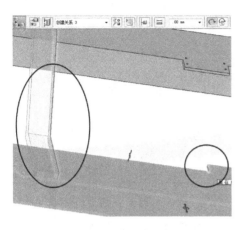

图 8-21　面匹配配合 3

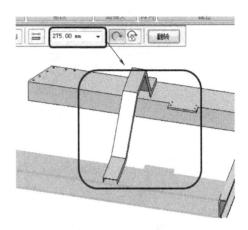

图 8-22　面匹配修改距离

8.1.4　插入零件 5 并进行配合

（1）单击左侧【零件库】对话框，单击选择文件的下拉箭头按钮，选择需要装配的【零件】所在文件夹，并把最后一个需要配合的【零件 5】拖到需要安装的区域，如图 8-23 所示。

（2）进行【零件 5】与【零件 2】的配合，单击所要配合的【零件 5】的侧面，再单击【零件 2】的内侧面，使【零件 5】所要配合的部位与【零件 5】所要配合的部位面匹配配合，如图 8-24 所示。

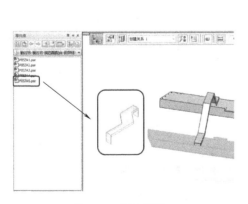

图 8-23　插入零件 5

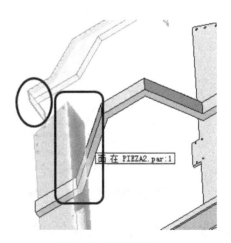

图 8-24　面匹配配合 1

（3）接下来的配合运用到了面匹配中的距离配合，同【零件4】中的距离配合相同，【智能配合】中默认的距离为0，也就是完全贴合，首先像之前一样依次单击【零件5】的侧边与【零件2】凸出的小边的侧边，如图8-25所示。

（4）之后把上方弹出的对话框的【偏置值】改为920mm，按 Enter 键确定，如图8-26所示。

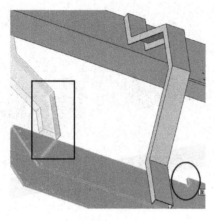

图 8-25　面匹配配合 2

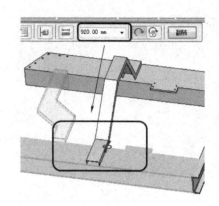

图 8-26　面匹配修改距离

8.1.5　查看零件之间的配合关系并运动装配体

（1）完成装配体后可以查看各【零件】的配合关系，想看【零件】的配合关系可以单击该【零件】或者单击左侧【装配树】中的【零件】。以【零件2】为例，单击【零件2】后左侧会出现【零件2】的所有配合关系，如图8-27所示。

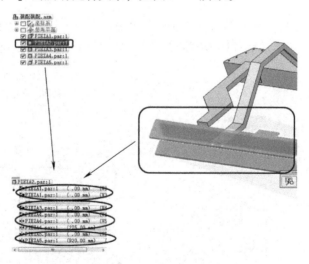

图 8-27　查看配合关系

（2）此外，通过把【鼠标】移到左侧装配特征下的各个【零件】会显示出当前【零件】的定义状态，可以看出【零件1】为固定状态，【零件2】到【零件4】都是完全定位的，而【零件5】是欠约束的，如图8-28所示。而欠约束的零件是可以通过【主页】菜单

下【修改】栏目中的【拖动部件】进行移动的，可以通过 【拖动部件-移动】或者
【拖动部件-自由移动】用鼠标左键拖动欠约束的零件，也可以通过直接修改 距离 [00 mm] 来
移动零件，如图 8-29 所示。

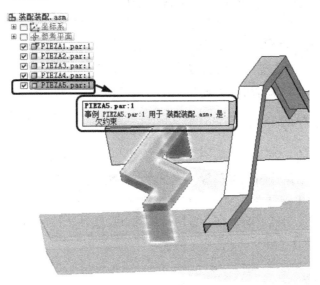

图 8-28　零件定义状态

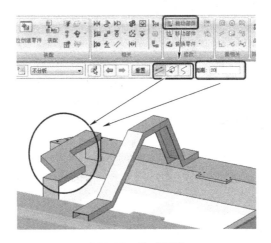

图 8-29　拖动零件

8.2　连杆装配实例

连杆模型如图 8-30 所示，本模
型使用的配合类型有轴对齐、平面对
齐和贴合配合。

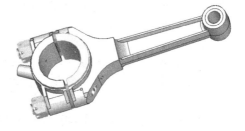

图 8-30　连杆机构模型

8.2.1　新建一个 GB 装配文件

（1）启动中文版 SolidEdge ST10，在左侧单击【新建】按钮，在右侧弹出的【新建】列表中选择【GB 公制装配】选项。

（2）系统自动进入装配环境，这时可以单击左侧的 ⊞☑坐标系 和 ⊞☑参考平面 复选框，可以选择打开或者关闭基准平面和基准轴，如图 8-31 所示。

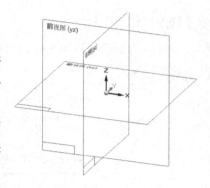

图 8-31　基准平面与基准轴

8.2.2　装配第 1 个零件

（1）单击【主页】选项卡中的 【插入部件】按钮，单击左侧【备选装配】对话框，单击选择文件的下拉箭头按钮，选择需要装配的零件所在文件夹，如图 8-32 所示。

（2）单击左侧弹出的【备选装配】对话框中选择【CONNECTING ROD.par】零件。按住鼠标左键将其拖动至绘图区域，在图形区合适的位置松开鼠标左键，即可把零件放置到默认位置，如图 8-33 所示。

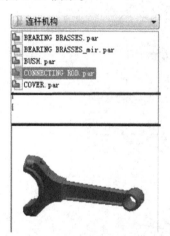

图 8-32　"备选装配"对话框

图 8-33　放置第 1 个零件

8.2.3　装配第 2 个零件

（1）在左侧的【备选装配】对话框中选择【BUSH】零件。按住鼠标左键将其拖动至绘图区域，在如图 8-34 所示的位置处松开鼠标左键，即可把零件放置到当前位置。此时系统弹出如图 8-35 所示的【装配】命令条。

★注意：在放置第一个零件时，系统自动固定第一个零件。在放置第 2 个零件或其他零件时，系统会自动弹出【装配】命令条，并且零件处于待装配状态。

（2）系统自动识别轴体零件的装配为 【轴对齐】，如果不是【轴对齐】可以在下拉

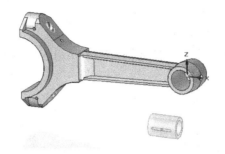

图 8-34　放置第 2 个零件

图 8-35　【装配】命令条

箭头中选取【轴对齐】，在上方的【装配】命令条中选择 【解除锁定旋转】按钮，单击如图 8-36 所示的位置进行【轴对齐】装配，装配后如图 8-37 所示。

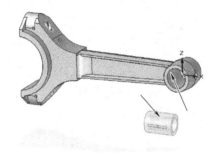

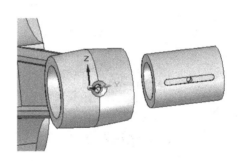

图 8-36　选取配合面　　　　　　　　　　　图 8-37　轴对齐装配

（3）此时还处于【轴对齐】状态，在上方的【装配】命令条中选择 【解除锁定旋转】按钮，选择如图 8-38 所示的面作为配合平面，进行配合。按 Esc 键结束装配，装配后如图 8-39 所示。

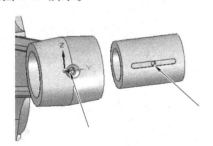

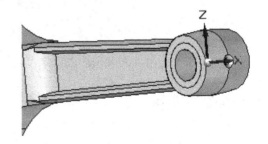

图 8-38　选取配合面　　　　　　　　　　　图 8-39　完成第 2 个零件装配

8.2.4　装配第 3 个零件

（1）单击【主页】选项卡中的 【插入部件】按钮，在左侧弹出的【备选装配】对话框中选择【COVER】零件。按住鼠标左键将其拖动至绘图区域，在如图 8-40 所示的位置处松开鼠标左键，即可把零件放置到当前位置。

（2）在【装配】的下拉箭头中选择【轴对齐】按钮，如图 8-41 所示。

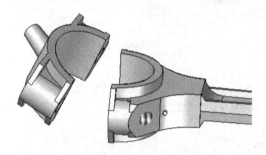

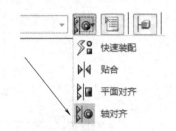

图 8-40　放置第 3 个零件　　　　　　　　　图 8-41　选择"轴对齐"

（3）在上方的【装配】命令条中选择 ↻【解除锁定旋转】按钮，单击如图 8-42 所示的位置进行【轴对齐】装配，装配后如图 8-43 所示。

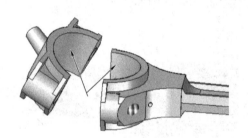

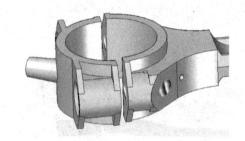

图 8-42　选取配合面　　　　　　　　　　　图 8-43　轴对齐装配

（4）在【装配】的下拉箭头中选择【平面对齐】按钮，如图 8-44 所示。

（5）选择如图 8-45 所示的面作为配合平面，进行配合，装配后如图 8-46 所示。

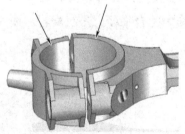

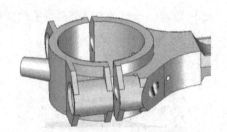

图 8-44　选择"平面对齐"　　图 8-45　选取配合面　　图 8-46　完成第 3 个零件的装配

8.2.5　装配第 4 个零件

（1）单击【主页】选项卡中的 📄【插入部件】按钮，在左侧弹出的【备选装配】对话框中选择【BEARING BRASSES】零件。按住鼠标左键将其拖动至绘图区域，在如图 8-47 所示的位置处松开鼠标左键，即可把零件放置到当前位置。

（2）系统自动识别轴体零件的配合为 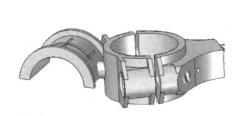【轴对齐】，如果不是【轴对齐】，可以在下拉箭头中选取【轴对齐】，在上方的【装配】命令条中选择 【解除锁定旋转】按钮，单击如图 8-48 所示的位置进行【轴对齐】装配，装配后如图 8-49 所示。

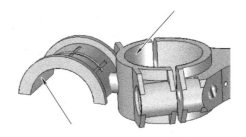

图 8-47　放置第 4 个零件　　　　　　　图 8-48　选取配合面

（3）在【装配】的下拉箭头中选择【平面对齐】按钮，如图 8-50 所示。

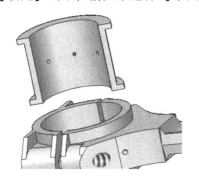

图 8-49　轴对齐装配　　　　　　　图 8-50　选择"平面对齐"

（4）选择如图 8-51 所示的面作为配合平面，进行配合，配合后如图 8-52 所示。

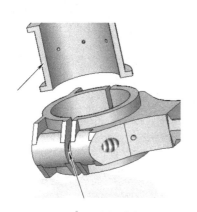

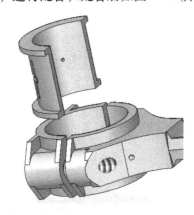

图 8-51　选取配合面　　　　　　　图 8-52　平面对齐装配

（5）在【装配】的下拉箭头中选择【贴合】按钮，如图 8-53 所示。

（6）选择如图 8-54 所示的面进行配合，按 Esc 键完成装配，装配后如图 8-55 所示。

117

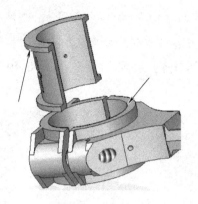
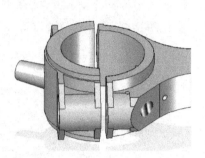

图 8-53 选择"贴合"　　　　　图 8-54 选取配合面　　　　　图 8-55 完成第 4 个零件的装配

8.2.6　装配第 5 个零件

（1）单击【主页】选项卡中的 ▱【插入部件】按钮，在左侧弹出的【备选装配】对话框中选择【BEARING BRASSES_mir】零件。按住鼠标左键将其拖动至绘图区域，在如图 8-56 所示的位置处松开鼠标左键，即可把零件放置到当前位置。

（2）系统自动识别轴体零件的配合为 ▱【轴对齐】，如果不是【轴对齐】，可以在下拉箭头中选取【轴对齐】，在上方的【装配】命令条中选择 ↻【解除锁定旋转】按钮，单击如图 8-57 所示的位置进行【轴对齐】装配，装配后如图 8-58 所示。

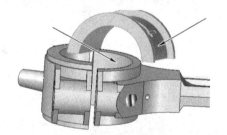

图 8-56 放置第 5 个零件　　　　　　　图 8-57 选取配合面

（3）在【装配】的下拉箭头中选择【平面对齐】按钮，如图 8-59 所示。

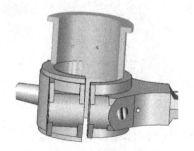
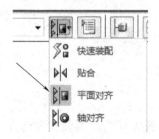

图 8-58 轴对齐装配　　　　　　　图 8-59 选择"平面对齐"

（4）选择如图 8-60 所示的面作为配合平面，进行配合，配合后如图 8-61 所示。

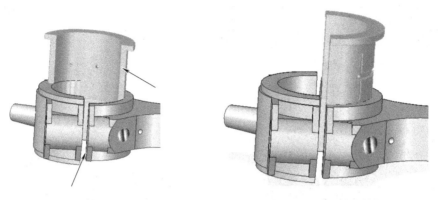

图 8-60　选取配合面　　　　　　　　　　图 8-61　平面对齐装配

（5）在【装配】的下拉箭头中选择【贴合】按钮，如图 8-62 所示。

（6）选择如图 8-63 所示的面进行配合，按 Esc 键完成装配，装配后如图 8-64 所示。

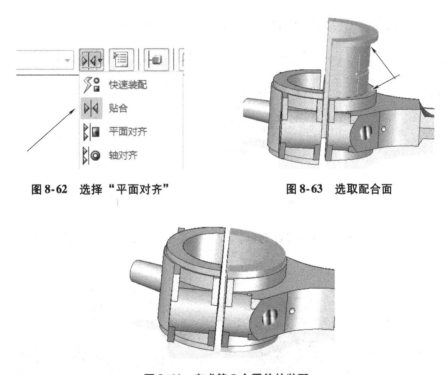

图 8-62　选择"平面对齐"　　　　　　　图 8-63　选取配合面

图 8-64　完成第 5 个零件的装配

8.2.7　装配第 6 个零件

（1）单击【主页】选项卡中的 【插入部件】按钮，在左侧弹出的【备选装配】对话框中选择【DISTANCE PIECE】零件。按住鼠标左键将其拖动至绘图区域，在如图 8-65 所示的位置处松开鼠标左键，即可把零件放置到当前位置。

（2）系统自动识别轴体零件的配合为 【轴对齐】，如果不是【轴对齐】，可以在下拉箭头中选取【轴对齐】，在上方的【装配】命令条中选择 【锁定旋转】按钮，单击如图 8-66 所示的位置进行【轴对齐】装配，装配后如图 8-67 所示。

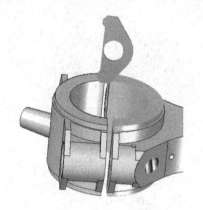

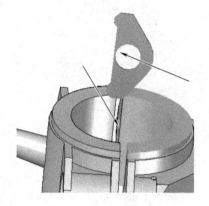

图 8-65　放置第 6 个零件　　　　　　　　　图 8-66　选取配合面

（3）在【装配】的下拉箭头中选择【贴合】按钮，如图 8-68 所示。

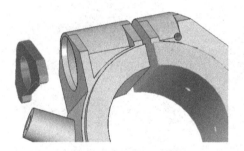

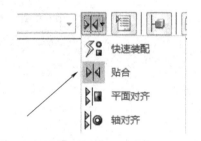

图 8-67　轴对齐装配　　　　　　　　　图 8-68　选择"贴合"

（4）选择如图 8-69 所示的面进行配合。按 Esc 键完成装配，装配后如图 8-70 所示。

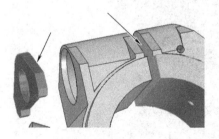

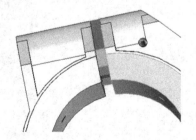

图 8-69　选取配合面　　　　　　　　　图 8-70　完成第 6 个零件的装配

8.2.8　装配第 7 个零件

（1）与装配第六个零件基本相同，单击【主页】选项卡中的 【插入部件】按钮，在左侧弹出的【备选装配】对话框中选择【DISTANCE PIECE】零件。按住鼠标左键将其拖动至绘图区域，在如图 8-71 所示的位置处松开鼠标左键，即可把零件放置到当前位置。

（2）装配后如图 8-72 所示。

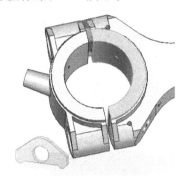 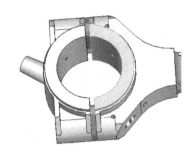

图 8-71　放置第 7 个零件　　　　　　　　图 8-72　完成第 7 个零件的装配

8.2.9　装配第 8 个零件

（1）单击【主页】选项卡中的 🖱【插入部件】按钮，在左侧弹出的【备选装配】对话框中选择【STUD】零件。按住鼠标左键将其拖动至绘图区域，在如图 8-73 所示的位置处松开鼠标左键，即可把零件放置到当前位置。

（2）系统自动识别轴体零件的配合为 📍【轴对齐】，在上方的【装配】命令条中选择 🔒【锁定旋转】按钮，单击如图 8-74 所示的位置进行【轴对齐】装配，装配后如图 8-75 所示。

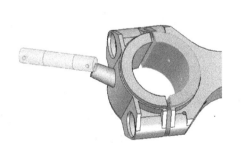 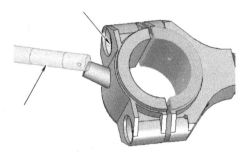

图 8-73　放置第 8 个零件　　　　　　　　图 8-74　选取配合面

（3）在【装配】的下拉箭头中选择【平面对齐】按钮，如图 8-76 所示。

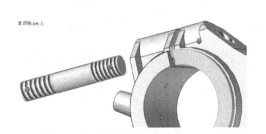 

图 8-75　轴对齐装配　　　　　　　　图 8-76　选择"平面对齐"

（4）将上方的【装配】命令条中的距离改为【–15mm】，选择如图 8-77 所示的面作为配合平面，进行配合。装配后如图 8-78 所示（单击左侧装配树中的对号可以将不必要的零件隐藏掉，配合后再将其显示，如图 8-79 所示）。

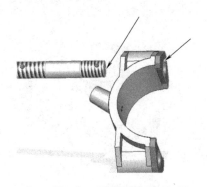
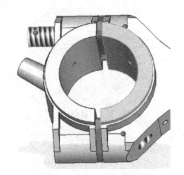

图 8-77　选取配合面　　　　　　　　图 8-78　平面对齐装配

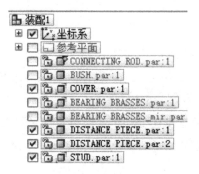

图 8-79　隐藏零件

8.2.10　装配第 9 个零件

（1）与装配第八个零件基本相同，单击【主页】选项卡中的 🔗【插入部件】按钮，在左侧弹出的【备选装配】对话框中选择【STUD】零件。按住鼠标左键将其拖动至绘图区域，在如图 8-80 所示的位置处松开鼠标左键，即可把零件放置到当前位置。

（2）装配后如图 8-81 所示。

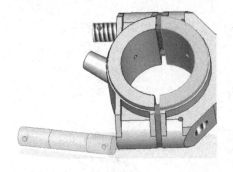
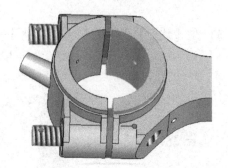

图 8-80　放置第 9 个零件　　　　　　图 8-81　完成第 9 个零件的装配

8.2.11　装配第 10 个零件

（1）单击【主页】选项卡中的 🔲【插入部件】按钮，在左侧弹出的【备选装配】对话框中选择【WASHER】零件。按住鼠标左键将其拖动至绘图区域，在如图 8-82 所示的位置处松开鼠标左键，即可把零件放置到当前位置。

（2）在【装配】的下拉箭头中选择【平面对齐】按钮，如图 8-83 所示。

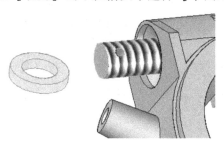

图 8-82　放置第 10 个零件　　　　　图 8-83　选择"平面对齐"

（3）将上方的【装配】命令条中的距离改为【−2mm】，选择如图 8-84 所示的面作为配合平面，进行配合。装配后如图 8-85 所示。

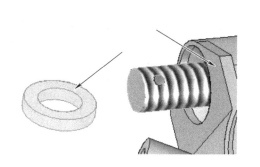

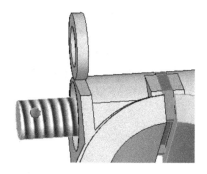

图 8-84　选取配合面　　　　　　　　图 8-85　平面对齐装配

（4）在【装配】的下拉箭头中选择【轴对齐】按钮，如图 8-86 所示。

（5）在上方的【装配】命令条中选择 🔲【锁定旋转】按钮，单击如图 8-87 所示的位置进行【轴对齐】装配，装配后如图 8-88 所示。

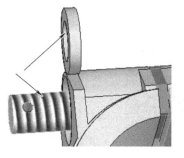

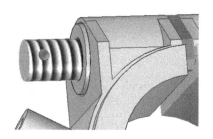

图 8-86　选择"轴对齐"　　　　图 8-87　选取配合面　　　　　图 8-88　轴对齐装配

8.2.12 装配第 11 个零件

（1）与装配第十个零件基本相同，单击【主页】选项卡中的 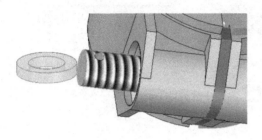 【插入部件】按钮，在左侧弹出的【备选装配】对话框中选择【WASHER】零件。按住鼠标左键将其拖动至绘图区域，在如图 8-89 所示的位置处松开鼠标左键，即可把零件放置到当前位置。

（2）装配后如图 8-90 所示。

图 8-89　放置第 11 个零件　　　　　图 8-90　完成第 11 个零件的装配

8.2.13 装配第 12 个零件

（1）单击【主页】选项卡中的 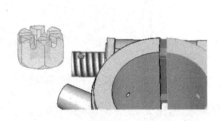 【插入部件】按钮，在左侧弹出的【备选装配】对话框中选择【NUT_mir】零件。按住鼠标左键将其拖动至绘图区域，在如图 8-91 所示的位置处松开鼠标左键，即可把零件放置到当前位置。

（2）在【装配】的下拉箭头中选择【贴合】按钮，如图 8-92 所示。

图 8-91　放置第 12 个零件　　　　　图 8-92　选择"贴合"

（3）选择如图 8-93 所示的面进行配合，配合后如图 8-94 所示。

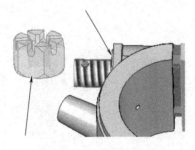
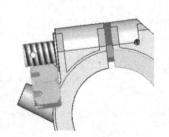

图 8-93　选取配合面　　　　　图 8-94　贴合装配

（4）在【装配】的下拉箭头中选择【轴对齐】按钮，如图 8-95 所示。

（5）在上方的【装配】命令条中选择 【锁定旋转】按钮，单击如图 8-96 所示的位置进行【轴对齐】装配，装配后如图 8-97 所示。

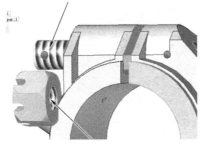

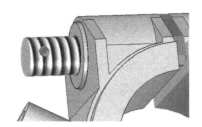

图 8-95　选择"轴对齐"　　　图 8-96　选取配合面　　　图 8-97　轴对齐装配

8.2.14　装配第 13 个零件

（1）单击【主页】选项卡中的 【插入部件】按钮，在左侧弹出的【备选装配】对话框中选择【NUT_mir1】零件。按住鼠标左键将其拖动至绘图区域，在如图 8-98 所示的位置处松开鼠标左键，即可把零件放置到当前位置。

（2）在【装配】的下拉箭头中选择【贴合】按钮，如图 8-99 所示。

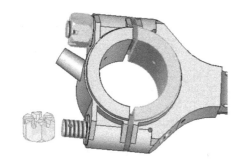

图 8-98　放置第 13 个零件　　　图 8-99　选择"贴合"

（3）选择如图 8-100 所示的面进行配合，配合后如图 8-101 所示。

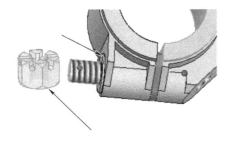

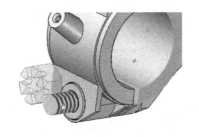

图 8-100　选取配合面　　　图 8-101　贴合装配

（4）在【装配】的下拉箭头中选择【轴对齐】按钮，如图 8-102 所示。

（5）在上方的【装配】命令条中选择 【锁定旋转】按钮，单击如图 8-103 所示的位置进行【轴对齐】装配，装配后如图 8-104 所示。

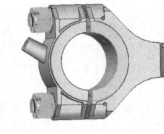

图 8-102　选择"轴对齐"　　　　图 8-103　选取配合面　　　　图 8-104　轴对齐装配

8.2.15　装配第 14 个零件

（1）单击【主页】选项卡中的 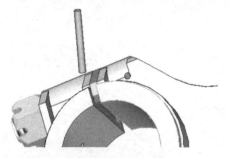【插入部件】按钮，在左侧弹出的【备选装配】对话框中选择【PIN】零件。按住鼠标左键将其拖动至绘图区域，在如图 8-105 所示的位置处松开鼠标左键，即可把零件放置到当前位置。

（2）在【装配】的下拉箭头中选择【轴对齐】按钮，如图 8-106 所示。

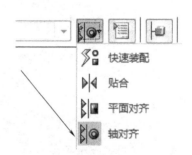

图 8-105　放置第 14 个零件　　　　　　　图 8-106　选择"轴对齐"

（3）在上方的【装配】命令条中选择 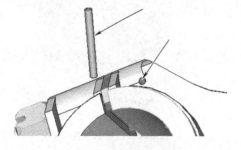【解除锁定旋转】按钮，单击如图 8-107 所示的位置进行【轴对齐】装配，装配后如图 8-108 所示。

图 8-107　选取配合面　　　　　　　　　图 8-108　轴对齐装配

（4）在【装配】的下拉箭头中选择【平面对齐】按钮，如图 8-109 所示。

（5）选择如图 8-110 所示的面作为配合平面，进行配合。装配后如图 8-111 所示。

图 8-109 选择"平面对齐"

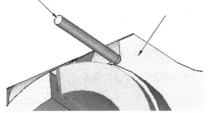

图 8-110 选取配合面

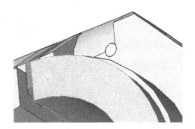

图 8-111 平面对齐装配

8.2.16 装配第 15 个零件

（1）与装配第十个零件基本相同，单击【主页】选项卡中的 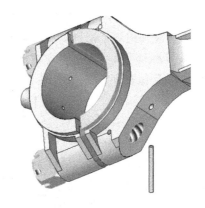 【插入部件】按钮，在左侧弹出的【备选装配】对话框中选择【PIN】零件。按住鼠标左键将其拖动至绘图区域，在如图 8-112 所示的位置处松开鼠标左键，即可把零件放置到当前位置。

（2）装配后如图 8-113 所示。

（3）至此，装配图绘制完毕。如图 8-114 所示。

图 8-112 放置第 15 个零件

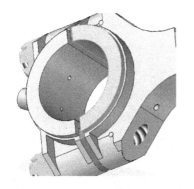

图 8-113 完成第 15 个零件的装配

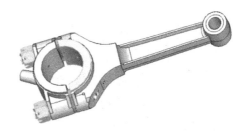

图 8-114 装配图

8.3 自锁夹具装配实例

自锁夹具模型如图 8-115 所示，本模型使用的配合类型有轴对齐、面对齐和面匹配。

图 8-115　自锁夹具模型

8.3.1　插入零件 1 与零件 2 并进行配合

（1）启动中文版 SolidEdge，在自动弹出的对话框中单击【GB 公制装配】按钮。

（2）单击左侧【零件库】对话框，单击选择文件的下拉箭头按钮，选择需要装配的零件所在文件夹，如图 8-116 所示。

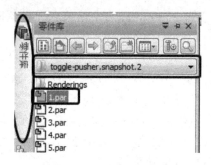

图 8-116　插入零件 1

（3）按住鼠标左键把【零件 1】拖到需要安装的区域，可以单击所添加的【零件】，看到【零件1】的装配关系（为【固定】关系）如图 8-117 所示。

（4）插入【零件 2】，零件透明区域状态下为智能装配状态，配合【零件 1】与【零件 2】时，只需要把需要配合的部位左键点击一下即可，轴对齐配合如图 8-118 所示。

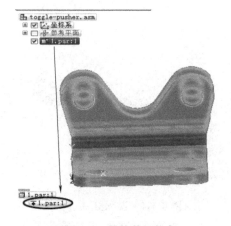

图 8-117　零件装配状态

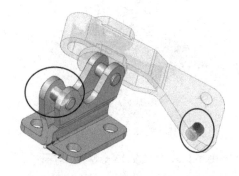

图 8-118　零件 1 与零件 2 轴对齐配合

★注意：“快速装配”提供传统装配件关系，如拼合、平面对齐、轴对齐和相切关系。必须先激活目标零件才能使用“快速装配”。

（5）单击【零件 1】的外表面后再单击【零件 2】，进行面匹配，如图 8-119 所示。

（6）【零件 1】与【零件 2】配合后，可以单击【零件 1】或者【零件 2】来查看【零件 1】和【零件 2】的状态，如图 8-120 所示。

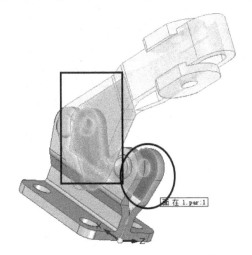

图 8-119　零件 1 与零件 2 面匹配配合　　　　图 8-120　零件 1 与零件 2 配合关系图

8.3.2　插入零件 3 并进行配合

（1）单击左侧【零件库】对话框，单击选择文件的下拉箭头按钮，选择需要装配的【零件】所在文件夹，并把【零件 3】拖到需要安装的区域，如图 8-121 所示。

（2）【零件】透明区域状态下为智能装配状态，智能装配状态下的相关关系不用单击，配合【零件 3】与【零件 2】时，单击【零件 3】的腹部和【零件 2】孔的内表面，如图 8-122 所示。

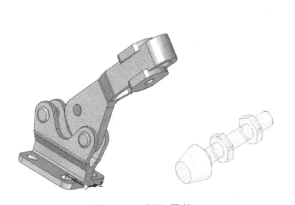

图 8-121　插入零件 3

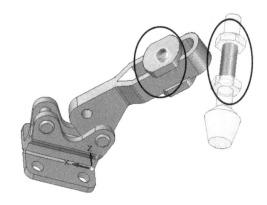

图 8-122　轴对齐配合

（3）单击【零件 3】的上螺母下表面与【零件 2】凸台的上表面进行配合，如图 8-123 所示。

（4）最后，点击【零件 3】的上螺母的侧面与【零件 2】凸台的侧面进行配合，如图 8-124 所示。

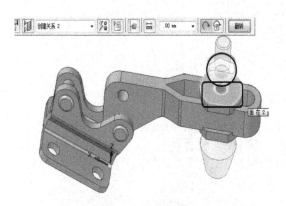

图 8-123　面匹配配合

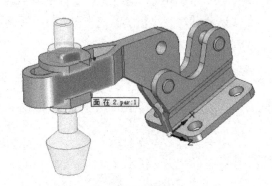

图 8-124　面匹配配合

8.3.3　插入零件 4 并进行配合

（1）单击左侧【零件库】对话框，再单击选择文件的下拉箭头按钮，选择需要装配的【零件】所在文件夹，并把【零件 4】拖到需要安装的区域，如图 8-125 所示。

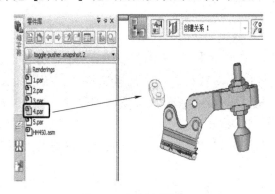

图 8-125　插入零件 4

（2）【零件】透明区域状态下为智能装配状态，单击【零件 4】的孔内壁和【零件 1】的另一个没有配合的轴的外壁进行配合，如图 8-126 所示。

（3）单击【零件 4】的侧面与【零件 1】的内壁进行面匹配配合，如图 8-127 所示。

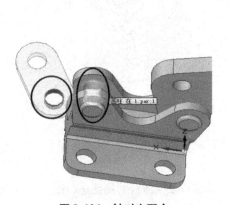

图 8-126　轴对齐配合

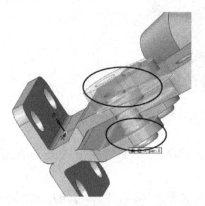

图 8-127　面匹配配合

8.3.4　插入零件 5 并进行配合

（1）单击左侧【零件库】对话框，再单击选择文件的下拉箭头按钮，选择需要装配的【零件】所在文件夹，并把【零件 5】拖到需要安装的区域，如图 8-128 所示。

（2）为了便于进行配合约束，先旋转【零件 5】，单击【主页】菜单中的【修改】一栏中的【拖动部件】后单击弹出窗口中的【确定】按钮，如图 8-129 所示。

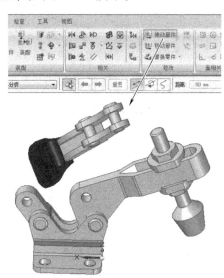

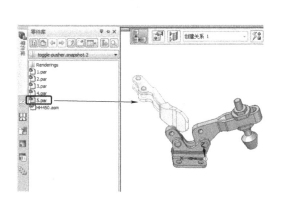

图 8-128　插入零件 5

图 8-129　拖动部件

★ 注意：在弹出对话框中的右侧有三个选项，▱为【拖动部件-移动】，选择此按钮后，部件能沿着直线方向移动所要拖动的部件；▱为【拖动部件-旋转】，选择此按钮后，部件能沿着鼠标的轴线方向定轴旋转所要拖动的部件；⟋为【拖动部件-自由移动】，选择此按钮后，部件能沿着鼠标拖动方向随意移动所要拖动的部件，而不是像单击【拖动部件-移动】选项后，只能沿着直线方向移动所要拖动的部件。

（3）把【零件 5】移动到可以和原先零件配合的位置，如图 8-130 所示。

（4）接下来进行【零件 5】与【零件 4】的配合，单击所要配合的【零件 5】的前圆柱部位的外表面，再单击【零件 4】的需要配合的孔的内表面，使【零件 4】所要配合的部位与【零件 5】所要配合的部位同轴对齐配合，如图 8-131 所示。

（5）再进行【零件 5】与【零件 4】的面匹配配合，单击【零件 5】的内侧表面后再单击【零件 4】的外侧表面，此时【零件 5】与【零件 4】智能配合为面匹配，如图 8-132 所示。

（6）配合之后【零件 5】的方向反了，单击【零件 5】后出现左侧的配合关系，在配合关系中单击【轴对齐】配合后在后侧出现【翻转】字样，单击【翻转】后，同轴配合方向就会旋转 180 度，如图 8-133 所示。调整后的示意图如图 8-134 所示。

131

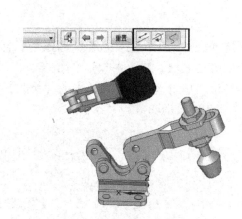

图 8-130　拖动部件选项

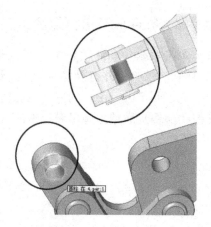

图 8-131　轴对齐配合

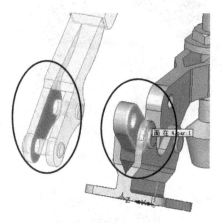

图 8-132　面匹配配合

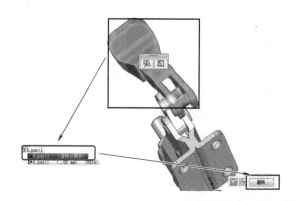

图 8-133　轴对齐翻转方向

（7）再进行【零件 5】与【零件 2】的轴对齐配合，单击【零件 5】的未配合的圆柱外侧表面后再单击【零件 2】的未配合的孔的内侧表面，完成最后的配合，如图 8-135 所示。

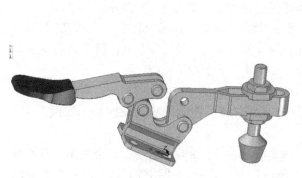

图 8-134　翻转成功示意图

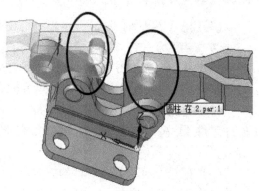

图 8-135　轴对齐配合

8.3.5 查看零件之间的配合关系并运动装配体

最后单击【主页】菜单中的【修改】一栏中的【拖动部件】后单击弹出窗口中的【确定】,此【装配体】为驱动【零件5】带动【零件3】进行俯仰运动,如图8-136到如图8-137所示的变化。

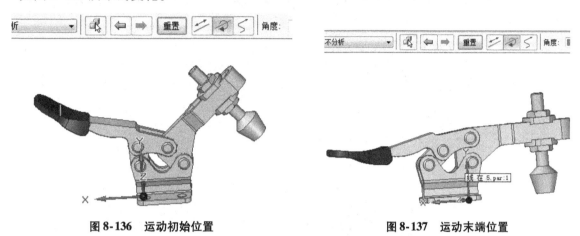

图 8-136 运动初始位置   图 8-137 运动末端位置

8.4 工作台装配实例

工作台模型如图8-138所示,本模型使用的配合类型有轴对齐、平面对齐、贴合、相切和齿轮配合。

8.4.1 新建一个GB装配文件

(1) 启动中文版SolidEdge ST10,在左侧单击【新建】按钮,在右侧弹出的【新建】列表中选择【GB 公制装配】选项。

(2) 系统自动进入装配环境,这时可以单击左侧的 ⊞ ☑ 坐标系 和 ☑ 参考平面 复选框可以选择打开或者关闭基准平面和基准轴,如图8-139所示。

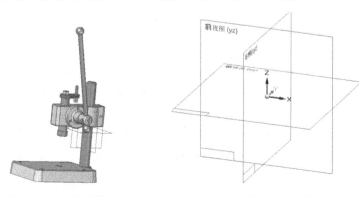

图 8-138 工作台模型   图 8-139 基准平面与基准轴

8.4.2 装配第 1 个零件

(1) 单击【主页】选项卡中的 ⚙️【插入部件】按钮,单击左侧弹出的【备选装配】对话框中选择【MAIN BASE. par】零件。按住鼠标左键将其拖动至绘图区域,如图 8-140 所示。

(2) 在图形区合适的位置处松开鼠标左键,即可把零件放置到默认位置,如图 8-141 所示。

图 8-140 【备选装配】对话框   图 8-141 装配第 1 个零件

8.4.3 装配第 2 个零件

(1) 在左侧的【备选装配】对话框中选择【SHAFT】零件。按住鼠标左键将其拖动至绘图区域,在如图 8-142 所示的位置处松开鼠标左键,即可把零件放置到当前位置。此时系统弹出如图 8-143 所示的【装配】命令条。

图 8-142 放置第 2 个零件   图 8-143 "装配"命令条

(2) 系统自动识别轴体零件的配合为 ⊙【轴对齐】,在上方的【装配】命令条中选择 ↻【解除锁定旋转】按钮,单击如图 8-144 所示的位置进行【轴对齐】装配,装配后如图 8-145 所示。

(3) 在【装配】的下拉箭头中选择【平面对齐】按钮,如图 8-146 所示。

(4) 选择如图 8-147 所示的面作为配合平面,进行配合,装配后如图 8-148 所示。

图 8-144　选取配合面

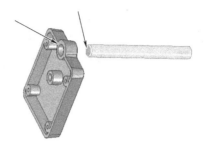

图 8-145　轴对齐装配

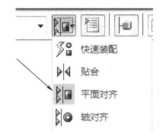

图 8-146　选择"平面对齐"

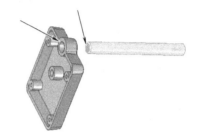

图 8-147　选取配合面

（5）在【装配】的下拉箭头中选择【平面对齐】按钮，如图 8-149 所示。

图 8-148　平面对齐装配

图 8-149　选择"平面对齐"

（6）在上方的【装配】命令条中 　【构造显示】中选择如图 8-150 所示的 　【显示参考平面】按钮。这时在图 8-151 中显示出零件的参考平面。

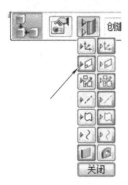

图 8-150　选择显示参考平面

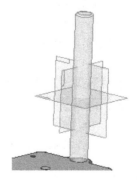

图 8-151　显示参考平面

（7）在上方的【装配】命令条中选择 ⇄ 【浮动】按钮。

（8）选择如图 8-152 所示的【右视图（YZ）】面，再选择左侧参考平面的【右视图（YZ）】面作为配合平面，进行配合。按 Esc 键完成装配，如图 8-153 所示。

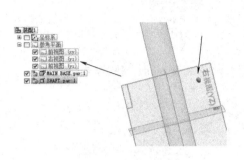

图 8-152　选取配合面　　　　　　　图 8-153　完成第 2 个零件的装配

8.4.4　装配第 3 个零件

（1）单击【主页】选项卡中的 🔲【插入部件】按钮，在左侧弹出的【备选装配】对话框中选择【HOLDER SHAFT】零件。按住鼠标左键将其拖动至绘图区域，在如图 8-154 所示的位置处松开鼠标左键，即可把零件放置到当前位置。

（2）系统自动识别轴体零件的配合为 🔘【轴对齐】，在上方的【装配】命令条中选择 🔄【解除锁定旋转】按钮，单击如图 8-155 所示的位置进行【轴对齐】装配，装配后如图 8-156 所示。

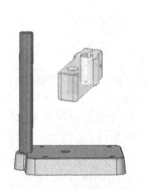

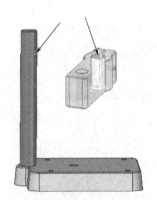

图 8-154　放置第 3 个零件　　　　　　　图 8-155　选取配合面

（3）在【装配】的下拉箭头中选择【平面对齐】按钮，如图 8-157 所示。

（4）将上方的【装配】命令条中的距离改为 70mm，选择如图 8-158 所示的面作为配合平面，进行配合。装配后如图 8-159 所示。

（5）单击第 2 个零件后，再单击上方的 🔧【装配】按钮，在【装配】的下拉箭头中选择【平面对齐】按钮，如图 8-160 所示。

图 8-156 轴对齐装配

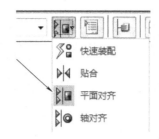

图 8-157 选择"平面对齐"

图 8-158 选取配合面

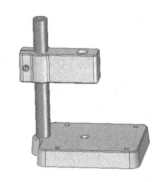

图 8-159 完成第 3 个零件的装配

（6）在上方的【装配】命令条中 【构造显示】中选择如图 8-161 所示的 【显示参考平面】按钮。这时在图 8-162 中显示出零件的参考平面。

图 8-160 选择"平面对齐"

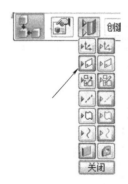

图 8-161 选择显示参考平面

（7）在上方的【装配】命令条中选择 【浮动】按钮。

（8）选择如图 8-163 所示的【右视图（YZ）】面，再选择零件面作为配合平面，进行配合。按 Esc 键完成装配，如图 8-164 所示。

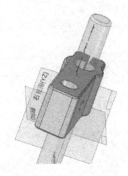

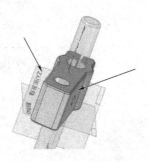

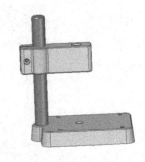

图 8-162 显示参考平面   图 8-163 选取配合面   图 8-164 完成第 3 个零件的装配

8.4.5 装配第 4 个零件

（1）单击【主页】选项卡中的 🖱【插入部件】按钮，在左侧弹出的【备选装配】对话框中选择【PUSHER SHAFT】零件。按住鼠标左键将其拖动至绘图区域，在如图 8-165 所示的位置处松开鼠标左键，即可把零件放置到当前位置。

（2）系统自动识别轴体零件的配合为 🔘·【轴对齐】，在上方的【装配】命令条中选择 ↻【解除锁定旋转】按钮，单击如图 8-166 所示的位置进行【轴对齐】装配，装配后如图 8-167 所示。

（3）在【装配】的下拉箭头中选择【平面对齐】按钮，如图 8-168 所示。

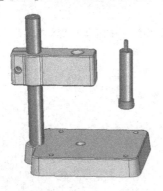

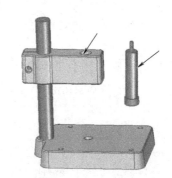

图 8-165 放置第 4 个零件   图 8-166 选取配合面

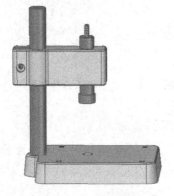

图 8-167 轴对齐装配   图 8-168 选择"平面对齐"

（4）在上方的【装配】命令条中 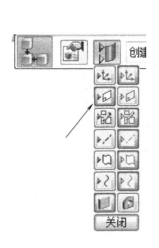【构造显示】中选择如图 8-169 所示的 【显示参考平面】按钮。这时在图 8-170 中显示出零件的参考平面。

图 8-169　选择显示参考平面　　　　图 8-170　显示参考平面

（5）在上方的【装配】命令条中选择 【浮动】按钮。

（6）选择如图 8-171 所示的【右视图（YZ）】面，再选择第 2 个零件的【右视图（YZ）】面作为配合平面，进行配合，如图 8-172 所示。按 Esc 键完成装配。

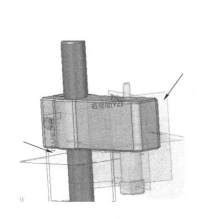 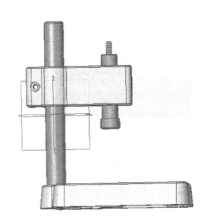

图 8-171　选取配合面　　　　　图 8-172　完成第 4 个零件的装配

8.4.6　装配第 5 个零件

（1）单击【主页】选项卡中的 【插入部件】按钮，在左侧弹出的【备选装配】对话框中选择【FLANGE SPRING】零件。按住鼠标左键将其拖动至绘图区域，在如图 8-173所示的位置处松开鼠标左键，即可把零件放置到当前位置。

（2）系统自动识别轴体零件的配合为 【轴对齐】，在上方的【装配】命令条中选择

[图标]【解除锁定旋转】按钮，单击如图8-174所示的位置进行【轴对齐】装配，装配后如图8-175所示。

（3）在【装配】的下拉箭头中选择【平面对齐】按钮，如图8-176所示。

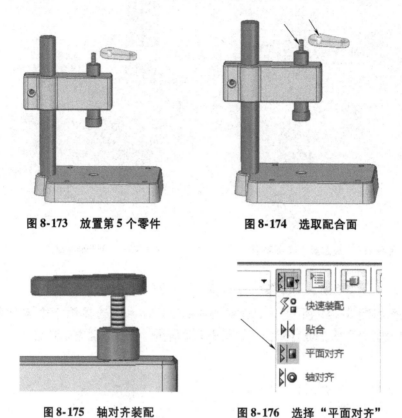

图 8-173 放置第 5 个零件　　　　　图 8-174 选取配合面

图 8-175 轴对齐装配　　　　　图 8-176 选择"平面对齐"

（4）选择如图8-177所示的面作为配合平面，进行配合，装配后如图8-178所示。

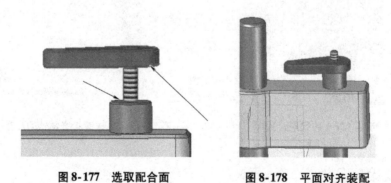

图 8-177 选取配合面　　　　　图 8-178 平面对齐装配

（5）在【装配】的下拉箭头中选择【轴对齐】按钮，如图8-179所示。

（6）选择如图8-180所示的面作为配合平面，进行配合。按 Esc 键完成装配，装配后如图8-181所示。

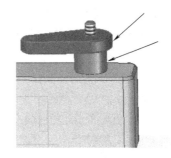

图 8-179　选择"轴对齐"　　　　　图 8-180　选取配合面

8.4.7　装配第 6 个零件

（1）单击【主页】选项卡中的 ![插入部件] 【插入部件】按钮，在左侧弹出的【备选装配】对话框中选择【NUT M8】零件。按住鼠标左键将其拖动至绘图区域，在如图 8-182 所示的位置处松开鼠标左键，即可把零件放置到当前位置。

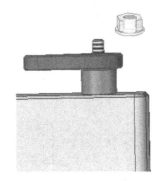

图 8-181　平面对齐装配　　　　　图 8-182　放置第 6 个零件

（2）系统自动识别轴体零件的配合为 ![轴对齐] 【轴对齐】，在上方的【装配】命令条中选择 ![解除锁定旋转] 【解除锁定旋转】按钮，单击如图 8-183 所示的位置进行【轴对齐】装配，装配后如图 8-184所示。

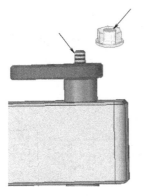

图 8-183　选取配合面　　　　　图 8-184　轴对齐装配

（3）在【装配】的下拉箭头中选择【平面对齐】按钮，如图 8-185 所示。

（4）选择如图 8-186 所示的面作为配合平面，进行配合，装配后如图 8-187 所示。

图 8-185　选择"平面对齐"

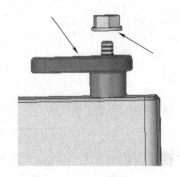

图 8-186　选取配合面

（5）在【装配】的下拉箭头中选择【平面对齐】按钮，如图 8-188 所示。

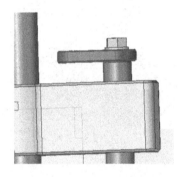

图 8-187　平面对齐装配

图 8-188　选择"平面对齐"

（6）在上方的【装配】命令条中选择 [图标] 【浮动】按钮。

（7）选择如图 8-189 所示的面作为配合平面，进行配合。按 Esc 键退出装配，装配后如图 8-190 所示。

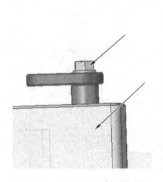

图 8-189　选取配合面

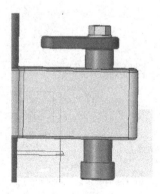

图 8-190　平面对齐装配

8.4.8　装配第 7 个零件

（1）单击【主页】选项卡中的 【插入部件】按钮，在左侧弹出的【备选装配】对话框中选择【SCREW M8】零件。按住鼠标左键将其拖动至绘图区域，在如图 8-191 所示的位置处松开鼠标左键，即可把零件放置到当前位置。

（2）系统自动识别轴体零件的配合为 【轴对齐】，在上方的【装配】命令条中选择 【解除锁定旋转】按钮，在单击如图 8-192 所示的位置进行【轴对齐】装配，装配后如图 8-193 所示。

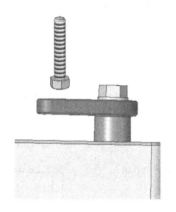 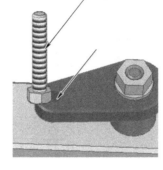 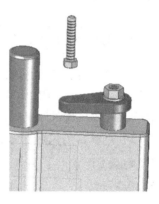

图 8-191　放置第 7 个零件　　　图 8-192　选取配合面　　　图 8-193　轴对齐装配

（3）在【装配】的下拉箭头中选择【平面对齐】按钮，如图 8-194 所示。

（4）选择如图 8-195 所示的面作为配合平面，进行配合，装配后如图 8-196 所示。

 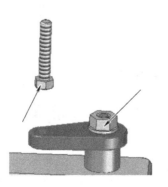 

图 8-194　选择"平面对齐"　　　图 8-195　选取配合面　　　图 8-196　平面对齐装配

（5）在【装配】的下拉箭头中选择【平面对齐】按钮，如图 8-197 所示。

（6）将上方的【装配】命令条中的距离改为【-25mm】，选择如图 8-198 所示的面作为配合平面，进行配合。装配后如图 8-199 所示。

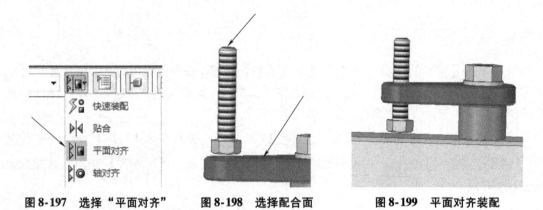

图 8-197　选择"平面对齐"　　　图 8-198　选择配合面　　　图 8-199　平面对齐装配

8.4.9　装配第 8 个零件

（1）单击【主页】选项卡中的 ✏【插入部件】按钮，在左侧弹出的【备选装配】对话框中选择【NUT STANDART M8】零件。按住鼠标左键将其拖动至绘图区域，在如图 8-200所示的位置处松开鼠标左键，即可把零件放置到当前位置。

（2）系统自动识别轴体零件的配合为 ◎【轴对齐】，在上方的【装配】命令条中选择 ↻【解除锁定旋转】按钮，单击如图 8-201 所示的位置进行【轴对齐】装配，装配后如图 8-202所示。

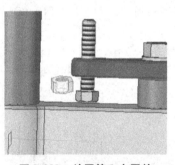

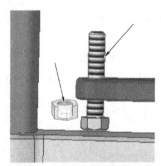

图 8-200　放置第 8 个零件　　　　图 8-201　选取配合面

（3）在【装配】的下拉箭头中选择【平面对齐】按钮，如图 8-203 所示。

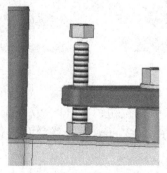

图 8-202　轴对齐装配　　　　图 8-203　选择"平面对齐"

（4）选择如图 8-204 所示的面作为配合平面，进行配合，装配后如图 8-205 所示。

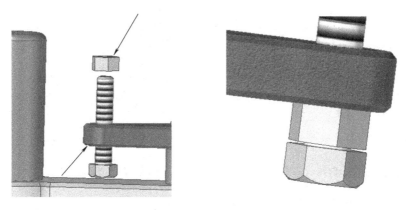

图 8-204　选取配合面　　　　　图 8-205　平面对齐装配

（5）在【装配】的下拉箭头中选择【平面对齐】按钮，如图 8-206 所示。

（6）在上方的【装配】命令条中选择 ⇄·【浮动】按钮。

（7）选择如图 8-207 所示的面作为配合平面，进行配合，装配后如图 8-208 所示。

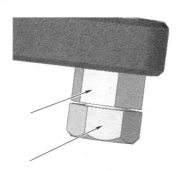

图 8-206　选择"平面对齐"　　　图 8-207　选择配合面　　　　图 8-208　平面对齐装配

8.4.10　装配第 9 个零件

（1）单击【主页】选项卡中的 【插入部件】按钮，在左侧弹出的【备选装配】对话框中选择【NUT ROTAION EXTENTION】零件。按住鼠标左键将其拖动至绘图区域，在如图 8-209 所示的位置处松开鼠标左键，即可把零件放置到当前位置。

（2）在【装配】的下拉箭头中选择【平面对齐】按钮，如图 8-210 所示。

（3）选择如图 8-211 所示的面作为配合平面，进行配合，装配后如图 8-212 所示。

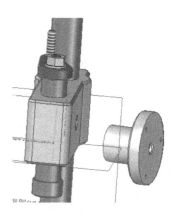

图 8-209　放置第 9 个零件

图 8-210　选择"平面对齐"

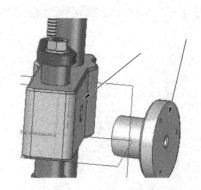

图 8-211　选取配合面

（4）在【装配】的下拉箭头中选择【轴对齐】按钮，如图 8-213 所示。

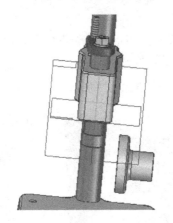

图 8-212　平面对齐装配

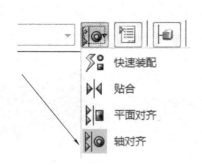

图 8-213　选择"轴对齐"

（5）在上方的【装配】命令条中选择 ↻【解除锁定旋转】按钮，单击如图 8-214 所示的位置进行【轴对齐】装配，装配后如图 8-215 所示。

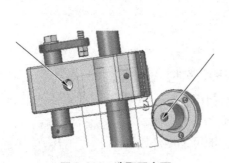

图 8-214　选取配合面

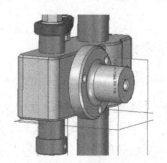

图 8-215　轴对齐装配

（6）在【装配】的下拉箭头中选择【贴合】按钮，如图 8-216 所示。

（7）在上方的【装配】命令条中 ⬛【构造显示】中选择如图 8-217 所示的 ▣【显示参考平面】按钮。这时在图 8-218 中显示出零件的参考平面。

图 8-216　选择"贴合"

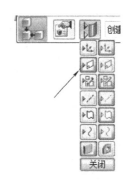

图 8-217　选择显示参考平面

（8）在上方的【装配】命令条中选择 【浮动】按钮。

（9）选择如图 8-219 所示的【俯视图（XZ）】面，再选择零件面作为配合平面，进行配合。按 Esc 键完成装配，如图 8-220 所示。

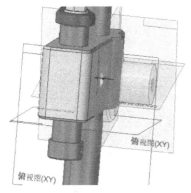

图 8-218　显示参考平面

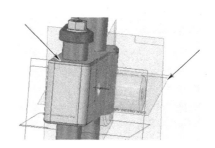

图 8-219　选取配合面

8.4.11　装配第 10 个零件

（1）单击【主页】选项卡中的 【插入部件】按钮，在左侧弹出的【备选装配】对话框中选择【HANDLE BRACKET】零件。按住鼠标左键将其拖动至绘图区域，在如图 8-221所示的位置处松开鼠标左键，即可把零件放置到当前位置。

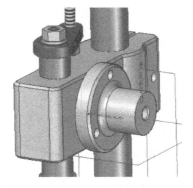

图 8-220　完成第 9 个零件的装配

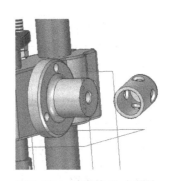

图 8-221　放置第 10 个零件

147

（2）在【装配】的下拉箭头中选择【齿轮】按钮，如图 8-222 所示。

（3）在【装配】命令条的传动方式中选择如图 8-223 所示的【旋转-线性】传动方式，在【比率】后填写【1】与【80mm】，如图 8-224 所示。

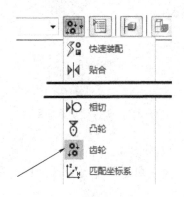

图 8-222　选择"齿轮"

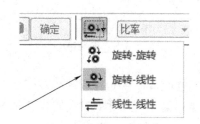

图 8-223　传动方式

（4）选择如图 8-225 所示的方向，【HANDLE BRACKET】零件为顺时针旋转，【FLANGE SPRING】零件为向下运动。

图 8-224　比率

图 8-225　齿轮传动方向

（5）在【装配】的下拉箭头中选择【轴对齐】按钮，如图 8-226 所示。

（6）在上方的【装配】命令条中选择 🔄【解除锁定旋转】按钮，单击如图 8-227 所示的位置进行【轴对齐】装配，单击【翻转】后，装配如图 8-228 所示。

图 8-226　选择"轴对齐"

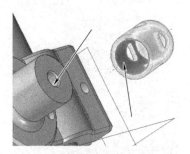

图 8-227　选取配合面

（7）在【装配】的下拉箭头中选择【贴合】按钮，如图 8-229 所示。

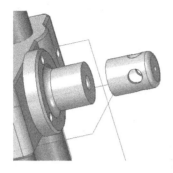

图 8-228　轴对齐装配

图 8-229　选择"贴合"

（8）选择如图 8-230 所示的面进行配合，按 Esc 键完成装配，如图 8-231 所示。

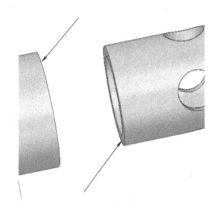

图 8-230　选取配合面

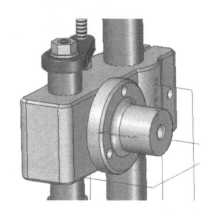

图 8-231　完成第 10 个零件的装配

8.4.12　装配第 11 个零件

（1）单击【主页】选项卡中的 【插入部件】按钮，在左侧弹出的【备选装配】对话框中选择【HANDLE BRACKET】零件。按住鼠标左键将其拖动至绘图区域，在如图 8-232 所示的位置处松开鼠标左键，即可把零件放置到当前位置。

（2）在【装配】的下拉箭头中选择【轴对齐】按钮，如图 8-233 所示。

图 8-232　放置第 11 个零件

图 8-233　选择"轴对齐"

（3）在上方的【装配】命令条中选择 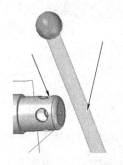 【解除锁定旋转】按钮，在单击如图 8-234 所示的位置进行【轴对齐】装配，装配后如图 8-235 所示。

图 8-234　选取配合面　　　　　图 8-235　轴对齐装配

（4）在【装配】的下拉箭头中选择【相切】按钮，如图 8-236 所示。

（5）选择如图 8-237 所示的面进行配合，按 Esc 键完成装配，如图 8-238 所示。

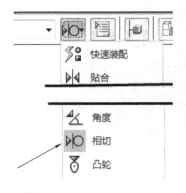

图 8-236　选择"相切"

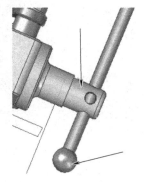

图 8-237　选取配合面

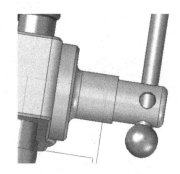

图 8-238　完成第 11 个零件的装配

8.4.13　装配第 12 个零件

（1）单击【主页】选项卡中的 【插入部件】按钮，在左侧弹出的【备选装配】对话框中选择【WING NUT】零件。按住鼠标左键将其拖动至绘图区域，在如图 8-239 所示的位置处松开鼠标左键，即可把零件放置到当前位置。

（2）在【装配】的下拉箭头中选择【轴对齐】按钮，如图 8-240 所示。

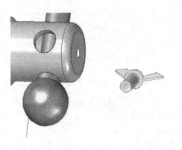

图 8-239　放置第 12 个零件

图 8-240　选择"轴对齐"

（3）在上方的【装配】命令条中选择 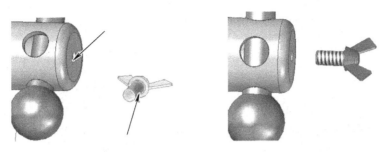【解除锁定旋转】按钮，在单击如图 8-241 所示的位置进行【轴对齐】装配，装配后如图 8-242 所示。

图 8-241　选取配合面　　　　　　图 8-242　轴对齐装配

（4）在【装配】的下拉箭头中选择【平面对齐】按钮，如图 8-243 所示。

（5）选择如图 8-244 所示的面作为配合平面，进行配合，装配后如图 8-245 所示。

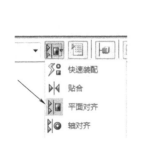　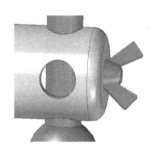

图 8-243　选择"平面对齐"　　　图 8-244　选取配合面　　　图 8-245　平面对齐装配

（6）在【装配】的下拉箭头中选择【平面对齐】按钮，如图 8-246 所示。

（7）在上方的【装配】命令条中选择 【浮动】按钮。

（8）选择如图 8-247 所示的面作为配合平面，进行配合。按 Esc 键完成装配，装配后如图 8-248 所示。

　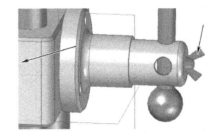

图 8-246　选择"平面对齐"　　　　　图 8-247　选取配合面

（9）至此，装配体装配完毕，如图 8-249 所示。

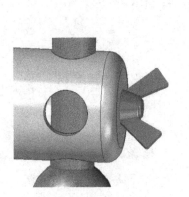

图 8-248　平面对齐装配

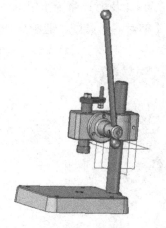

图 8-249　装配图

第 9 章

工程图实例

本章通过几个具体实例来展示一下工程图的功能，展示的功能有制作视图、标注尺寸、标注注释和标注形位公差等。

9.1 压盖工程图实例

本例将生成一个压盖（图 9-1）的工程图，如图 9-2 所示。本实例使用的功能有绘制半剖视图、标注中心线、标注简单尺寸、标注公差尺寸、标注粗糙度和标注形位公差等。

图 9-1 压盖零件模型

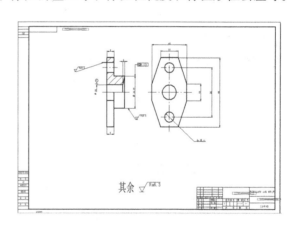

图 9-2 压盖零件工程图

9.1.1 建立工程图前的准备工作

（1）启动中文版 SolidEdge，选择 【应用程序按钮】后选择【打开】命令，在弹出的 【打开】对话框中选择【压盖零件图 . par】。

（2）新建工程图纸，单击【GB 公制工程图】按钮，如图 9-3 所示。

9.1.2 插入视图

（1）单击【主页】菜单栏下【图纸视图】中的【视图向导】按钮，弹出【选择模型】对话框，在【查找范围】中找到【压盖零件图】所在文件夹，并选择【压盖零件图】后单击【打开】按钮，如图 9-4 所示。

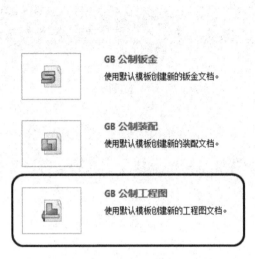

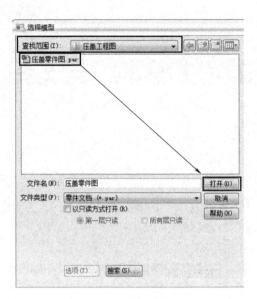

图 9-3　新建"GB 公制工程图"　　　　　　　图 9-4　选择模型

（2）单击弹出菜单中【视图向导 选择方向】按钮，选择需要摆放的视图，如图 9-5 所示。

（3）因为三维图建模时不是按照图纸所需要的位置建模的，所以要手动选择需要摆放的视图和位置，首先放置主视图，如图 9-6 所示。

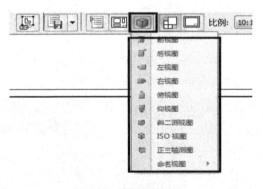

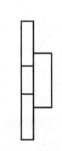

图 9-5　选择视图方向　　　　　　　　　图 9-6　放置主视图

> ★**注意：** 左手按住 Shift 键不放，同时右手按住鼠标滚轮拖动，实现平移。左手按住 Ctrl 键不放，同时右手按住鼠标滚轮拖动（按键盘的箭头方向键也可以），实现放大和缩小。滚轮滚动在零件图中也能够实现放大和缩小。左手按住 Alt 键不放，同时右手按住鼠标右键拖动，实现窗口的放大，Alt 键 + 鼠标右键恢复到适合的窗口。

（4）接下来放置左视图，如图 9-7 所示。

（5）针对以上 2、3、4 步骤可以选择主视图的方位，单击【主页】菜单栏下【图纸视图】中的【视图向导】按钮，弹出【选择模型】对话框，在【查找范围】中找到【压盖零件图】所在文件夹，并选择【压盖零件图】后单击【打开】按钮，在上方弹出的菜单栏中单击 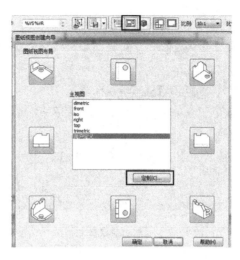 【视图向导-图纸视图布局】按钮，在【主视图】框下选择【用户定义】后单击【定制】按钮，如图9-8所示。

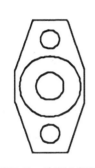

图9-7　放置左视图　　　　　　　　图9-8　主视图定义

（6）在弹出的【定制方向】中，用鼠标左键拖动【零件】到想要放置的方位，也可以单击菜单栏中 【常规视图】按钮，可以精确地调整视图视角，如图9-9所示移动到如图9-10所示，再单击【关闭】按钮。

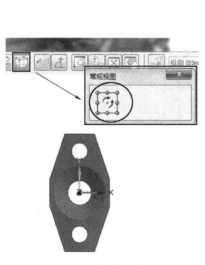 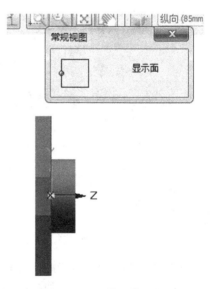

图9-9　初始方向　　　　　　　　　图9-10　调整后的方向

（7）在【图纸视图创建向导】中，在【主视图】中选择刚设置的【用户定义】选项，因为本工程图只需要一个半剖视图和一个左视图就够了，所以再额外选择 图标，再单击

【确定】按钮，如图 9-11 所示。

(8) 单击图纸的适当位置可放置零件到工程图纸上，如图 9-12 所示。

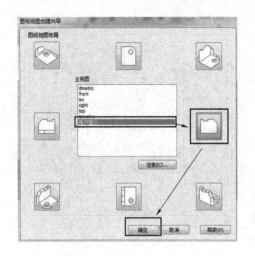
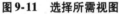

图 9-11　选择所需视图

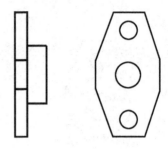

图 9-12　放置视图

9.1.3　绘制半剖视图

(1) 因为半剖视图属于【局部剖】，而不属于【剖视图】，所以要选择【主页】菜单下【图纸视图】中的【局部剖】按钮，如图 9-13 所示。

(2) 在弹出的【局部剖】菜单中有 4 个【图标】，第 1 个为【局部剖-选择源视图步骤】，选择将用于绘制除料轮廓的图纸视图，把鼠标移至【主视图】上时，【主视图】轮廓线变为红色后单击，之后进入第 2 个图标【局部剖-轮廓步骤】，为除料定义轮廓，在主视图的上半部分画一个封闭的矩形条后关闭【局部剖】功能，如图 9-14 所示。

图 9-13　"局部剖"

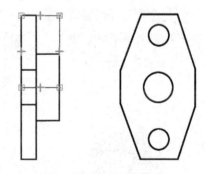

图 9-14　绘制剖切轮廓

(3) 进入第 3 个图标【局部剖-深度步骤】，设定除料深度，在左视图中选择除料深度为一半，即除料到中心孔的中心，如图 9-15 所示。

(4) 最后进入第 4 个图标【局部剖-选择目标视图步骤】，定义将要应用除料的图纸视图，单击左视图后完成半剖视图，如图 9-16 所示。

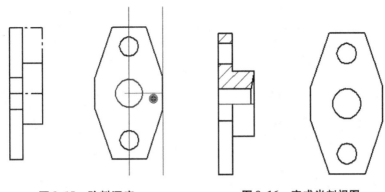

图 9-15　除料深度　　　　　　　图 9-16　完成半剖视图

9.1.4　标注中心线

（1）选择【主页】菜单中【注释】菜单栏中的 ⅣⅠ【中心线】按钮，它由两点或者两条线手动创建中心线，如图 9-17 所示。

（2）创建完成中心线如图 9-18 所示。

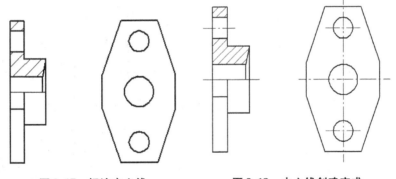

图 9-17　标注中心线　　　　　　图 9-18　中心线创建完成

★注意：SolidEdge 中还有两个命令可以创建中心线，一个是 ⊕【中心标记】，还有一个是 /【自动创建中心线】按钮，虽然这两个命令可以很快绘制出中心线，但是有时并不是我们想要的结果，所以大多时候选择手动绘制中心线更为妥当。

9.1.5　标注简单尺寸

（1）工程图中的【标注】和二维图中的【标注】有很大的相似之处，单击【主页】菜单栏中的【尺寸】菜单下的 ┝╱┥【智能尺寸】按钮，首先标注视图中的简单尺寸，左视图如图 9-19 所示。

（2）左视图中简单尺寸标注完成如图 9-20 所示。

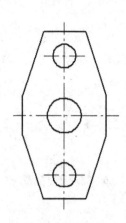

图 9-19　标注左视图简单尺寸

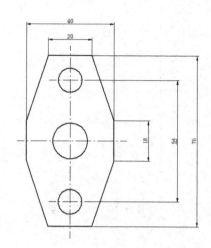

图 9-20　左视图中简单尺寸标注完成

（3）标注半剖视图简单尺寸，如图 9-21 所示。

（4）半剖视图中简单尺寸标注完成如图 9-22 所示。

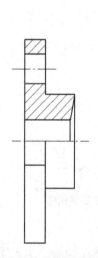

图 9-21　标注半剖视图简单尺寸

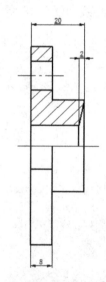

图 9-22　半剖视图中简单尺寸标注完成

（5）接下来标注圆孔尺寸，首先标注左视图中上下两个圆孔的尺寸，单击 【智能尺寸】按钮，再单击所需要标注的下面的圆孔，如图 9-23 所示。

（6）标注的尺寸不符合想要标注的效果，首先想要标注的数字应水平放置，其次还要标注出两个孔都是 $\Phi11$ 的效果。首先设置数字水平放置，鼠标右键单击 $\Phi11$ 的尺寸，选择【属性】，在弹出的【尺寸属性】中单击【文本】后在【覆盖引出文本 2】的【方向】中从【平行】改为【水平】，如图 9-24 所示。

（7）第二标注出两个孔的效果，单击 【选择-启用前缀】按钮和 【选择-前缀】按钮，在弹出对话框【尺寸前缀】中的【前缀】中输入 [2x]，单击【确定】按钮，如

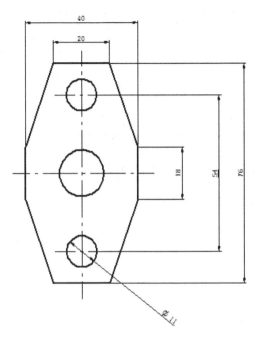

图 9-23　标注圆孔尺寸

图 9-24　尺寸属性

图 9-25 所示。

　　（8）标注成功如图 9-26 所示。

　　（9）在半剖视图中标注中心孔的尺寸。单击 【智能尺寸】按钮，标注的尺寸如图 9-27 所示，图中圆孔标注没有直径 *Φ* 的标志，关掉【智能尺寸】后，单击直径为 16 的孔，再单击弹出菜单栏中的 【选择-前缀】按钮，如图 9-28 所示。

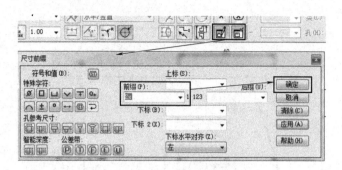

图 9-25 "尺寸前缀"对话框

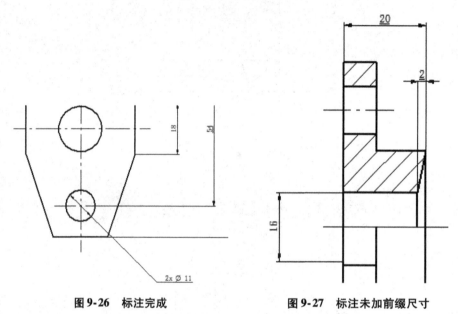

图 9-26 标注完成

图 9-27 标注未加前缀尺寸

（10）单击【确定】按钮，孔的数字 16 之前并没有直径的标志，单击 ⊬ 【智能尺寸】
按钮，单击 団 【选择-启用前缀】按钮，这时尺寸正确显示，如图 9-29 所示。

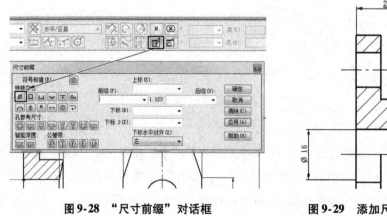

图 9-28 "尺寸前缀"对话框

图 9-29 添加尺寸前缀

注意: 也可以在标注尺寸之前单击 ▣ 【选择-启用前缀】按钮和 ✓ 【选择—前缀】
按钮，选择需要添加的尺寸前缀直径 Φ 的标志。

（11） Φ16 的孔只有上半部分在剖视图中能看见孔的边线，而下侧看不到 Φ16 的孔的边
线，所以要选择只标注一半的方式标注 Φ16 的孔。单击【主页】菜单栏中【尺寸】区域中
的 ▣ 【对称直径】命令，系统弹出【对称直径】命令条，在【尺寸方位】下拉列表中选择
【水平/竖直】选项，先选择如图 9-30 所示的中心线，然后选
择边线作为测量对象，在合适的位置放置，最后可以选择 ▣
【选择-直径-一半-完整】按钮，将对称直径选择为显示一半或
者选择完整。

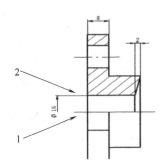

9.1.6 标注公差尺寸

（1）半剖视图的凸台需要标注公差尺寸。单击【主页】
选项卡【尺寸】区域中的 ✎ 【智能尺寸】命令，系统弹出
【智能尺寸】命令条中的 ✓ 【前缀】按钮，在系统弹出的

图 9-30 对称直径尺寸标注

【尺寸前缀】对话框中单击【特殊字符】中的 Ø 按钮，添加直径符号。单击 确定 按
钮，如图 9-31 所示。

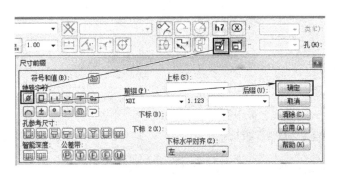

图 9-31 直径尺寸前缀

（2）选择如图 9-32 所示的边线，在合适的位置放置尺寸。

（3）标注 Φ35f9。单击 x 【选择-尺寸类型】按钮，然后在弹出的下拉菜单中选择
h7 类 选项，在【类型】下拉列表中选择【配合】选项，在轴的下拉列表中选择【f9】选
项，标注结果如图 9-33 所示。

9.1.7 标注粗糙度

（1）单击【主页】选项卡【注释】区域中的 ⍩ 【表面纹理符号】命令，系统弹出
【表面纹理符号】命令条和【表面纹理符号属性】对话框，如图 9-34 所示。

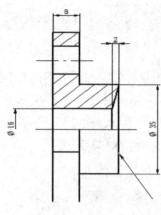

图 9-32　标注尺寸 1

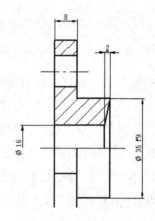

图 9-33　标注尺寸 2

（2）在【表面纹理符号属性】对话框中设置如图 9-35 所示粗糙度参数，然后单击
确定 按钮。

图 9-34　"表面纹理符号属性"对话框

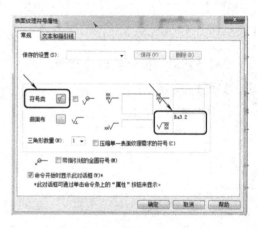

图 9-35　设置粗糙度参数

（3）确认【表面纹理符号】命令条后单击鼠标选择如图 9-36 所示的边线，然后在合适的位置放置。

（4）当标注如图 9-37 所示的边线时，首先需要添加一个【连接线】。单击【主页】选项卡【注释】区域中的 ┗ 【连接线】按钮，在所在位置添加额外的连接线，然后再标注粗糙度（在合适的位置单击鼠标左键）。

（5）由于没有指在边线上，所以显示的端符类型是【点】。鼠标右击尺寸，选择【属性】，在弹出的【表面纹理符号属性】对话框中单击【文本和指引线】选项卡，在【端符】区域中的【类型】下拉选项中选择【箭头（实心）】选项，如图 9-38 所示。

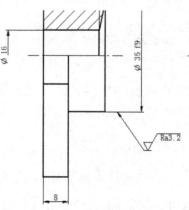

图 9-36　标注表面粗糙度 1

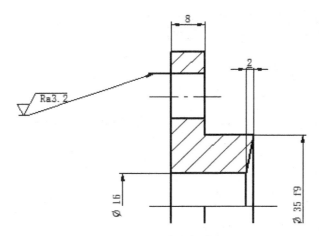

图 9-37　标注表面粗糙度 2

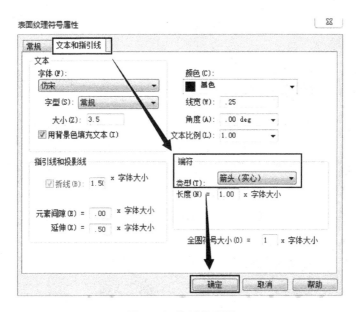

图 9-38　指引线设置

（6）标注其余的粗糙度。参照之前的步骤标注其余的粗糙度为 Ra 6.3，并把弹出的菜单栏中【文本比例】调整为【2.00】，如图 9-39 所示。

（7）单击【主页】选项卡【注释】区域中的 A 命令，系统弹出【基准框】命令条，在图形区域右上角单击一点放置注释文本，输入如图 9-40 所示的注释文本。

（8）然后调整合适的字体和合适的位置，结果如图 9-41 所示。

9.1.8　标注形位公差

（1）单击【主页】选项卡【注释】区域中的 ▦ 【特征控制框】命令，系统弹出如图 9-42 所示的【特征控制框】命令条和如图 9-43 所示的【特征控制框属性】对话框。

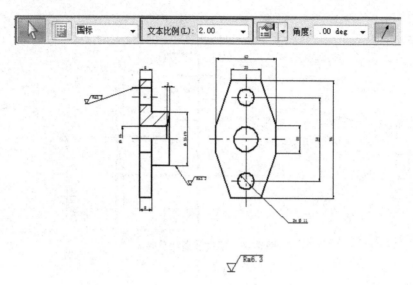

图 9-39　标注其余粗糙度

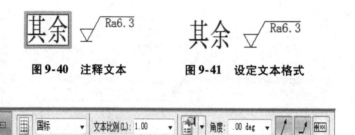

图 9-40　注释文本　　　　图 9-41　设定文本格式

图 9-42　"特征控制框"命令条

图 9-43　"特征控制框属性"对话框

（2）设置公差符号的参数。在【特征控制框属性】对话框中单击【常规】选项卡，然后在【几何符号】区域单击◎按钮，单击│分隔符】按钮，在【内容】文本框中输入值【0.1】，再次单击│【分隔符】按钮，在【内容】文本框中输入【A】，单击【确定】按钮。

（3）指定指引线。在【特征控制框】命令条中确认／和⌐按钮被按下，选择图 9-44 所示的边线为引线的放置点，选择适当的位置在图纸中单击，完成公差符号的创建，结果如图 9-44 所示。

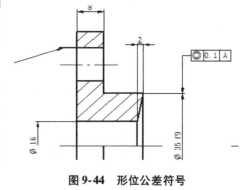

图 9-44　形位公差符号

（4）创建基准框。单击【主页】选项卡【注释】区域中的⊟命令，系统弹出【基准框】命令条，如图 9-45 所示。

图 9-45　"基准框"命令条

（5）设置参数。在【基准框】命令条【文本】中输入【A】。

（6）放置基准特征符号。选择如图 9-46 所示的边线，在适当的位置处单击，完成操作，结果如图 9-46 所示。如果有折线，则鼠标右击标注，选择【属性】，在弹出的【文本和指引线】对话框中的【指引线和投影线】选项中把【折线】取消，如图 9-47 所示。

（7）至此，工程图已绘制完毕，如图 9-48 所示。

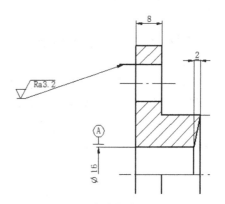

图 9-46　创建基准特征符号

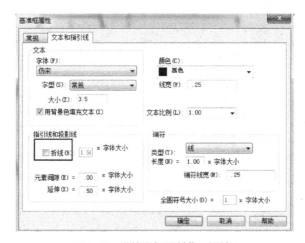

图 9-47　"基准框属性"对话框

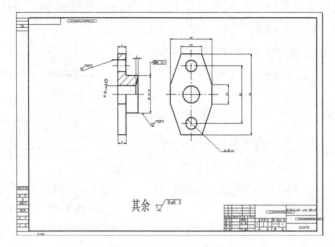

图 9-48　绘制完的工程图

9.1.9　保存文件

单击工具栏中的 ![save] 【保存】按钮，保存文件。

9.2　螺纹支座工程图实例

图 9-49　支座零件模型

本例将生成一个螺纹支座（图 9-49）的工程图，如图 9-50 所示。本实例使用的功能有绘制全剖视图、绘制半剖视图、标注中心线、标注简单尺寸、标注公差尺寸、标注倒角尺寸、标注粗糙度、标注螺纹孔规格和书写文本。

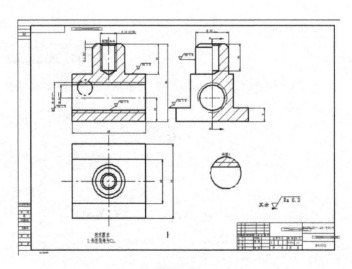

图 9-50　支座零件工程图

9.2.1　建立工程图前的准备工作

（1）启动中文版 SolidEdge，选择 【应用程序按钮】后再选择【打开】命令，在弹出的【打开】对话框中选择【螺母零件图.par】。

（2）新建工程图。在欢迎界面中的【创建】区域中选择【GB 公制工程图】选项，即可进入工程图工作环境。

> ★ 注意：方法二：启动中文版 SolidEdge 后，在欢迎界面中单击【新建】按钮，系统弹出【新建】对话框，在对话框中选择【通用】项目里的【工程图模板】，单击【确定】按钮，也可以进入工程图环境。

9.2.2　插入视图

（1）单击【主页】菜单栏下【图纸视图】中的【视图向导】按钮，弹出【选择模型】对话框，在【查找范围】中找到【螺母零件图】所在文件夹，选择【螺母零件图】后单击【打开】按钮，如图 9-51 所示。

（2）打开【螺母零件图】后，在上方弹出菜单栏中单击 【视图向导-图纸视图布局】按钮，在【主视图】框下选择【用户定义】后单击【定制】按钮，如图 9-52 所示。

图 9-51　选择模型

图 9-52　主视图定义

（3）在弹出【定制方向】中，用鼠标左键拖动【零件】到想要放置的方位，也可以单击菜单栏中 【常规视图】按钮，可以精确地调整视图视角，如图 9-53 所示移动到如图 9-54 所示，再单击【关闭】按钮。

（4）在【图纸视图创建向导】中，在【主视图】中选择刚设置的【用户定义】选项，因为本工程图首先需要显示出螺母零件图的三视图，所以再额外选择一个 图标和一个 ，再单击【确定】按钮，如图 9-55 所示。

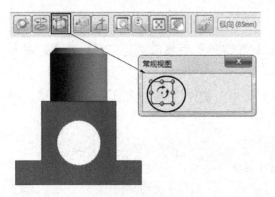

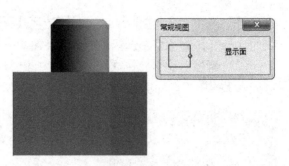

图 9-53 初始方向　　　　　　　　　　　　**图 9-54 调整后的方向**

（5）单击图纸的适当位置可放置零件到工程图纸上，如图 9-56 所示。

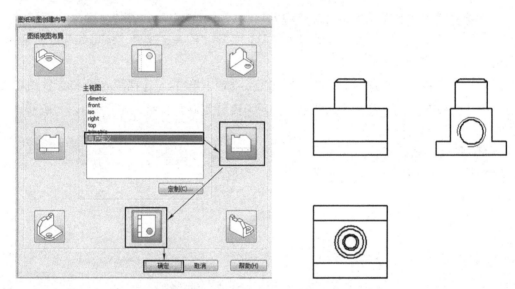

图 9-55 选择所需视图　　　　　　　　　**图 9-56 放置视图**

（6）单击三视图中的任何视图可以弹出上方显示如图 9-57 所示的对话框，在【比例值】中可以随意修改比例值的大小，为了适合图纸的大小，调整【比例值】为【3】。

9.2.3 绘制全剖视图

（1）创建切割平面。选择【主页】选项卡【图纸视图】区域中的 切割平面 命令，系统自动弹出【切割平面】命令条，如图 9-58 所示。

图 9-57 修改"比例值"　　　　　　　**图 9-58 "切割平面"命令条**

（2）弹出【切割平面】命令条后，单击图形区域的左视图，系统自动进入【切割平面线】绘制环境，采用默认选择的直线绘图工具绘制如图 9-59 所示的直线作为剖切线。然后单击 ⊠【关闭切割平面】按钮即可返回工程图环境。

（3）定义视图方向。在剖切线正右方单击，完成视图方向的定义，如图 9-60 所示。

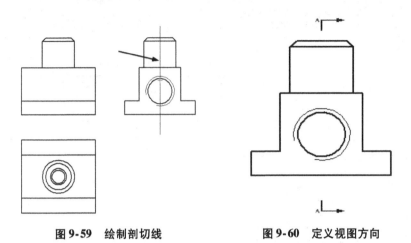

图 9-59　绘制剖切线　　　　　　　　　图 9-60　定义视图方向

（4）创建全剖视图。选择【主页】选项卡【图纸视图】区域中的 ⊞ 剖视图 命令，系统弹出【剖视图】命令条，如图 9-61 所示。

图 9-61　"剖视图"命令条

（5）选取上一步创建的切割的平面剖切线，然后选择合适的位置单击后自动生成全剖视图，如图 9-62 所示。

（6）把主视图的视图删除后，将生成的全剖视图放置在原来主视图的位置，如图 9-63 所示。

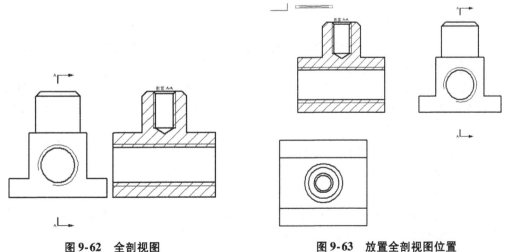

图 9-62　全剖视图　　　　　　　　　图 9-63　放置全剖视图位置

（7）此时由于主视图被删除，所以俯视图成为【孤立状态】，即移动全剖视图，俯视图不会跟着此全剖视图一起移动。右键单击俯视图，选择【创建对齐】选项，系统自动弹出【创建对齐】对话栏，选择 【创建对齐-纵向】按钮，如图9-64所示。

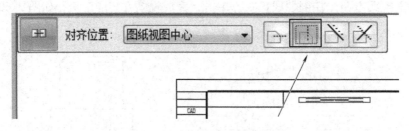

图9-64 "创建对齐"对话栏

（8）再选择剖视图，如图9-65所示。单击【确定】按钮，效果如图9-66所示。

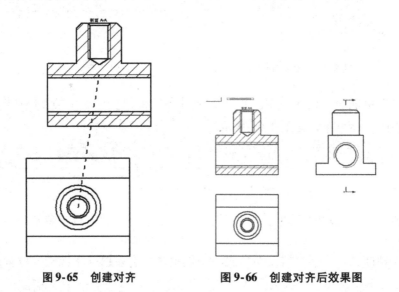

图9-65 创建对齐   图9-66 创建对齐后效果图

9.2.4 绘制半剖视图

（1）因为半剖视图属于【局部剖】，而不属于【剖视图】，所以要选择【主页】菜单下【图纸视图】中的【局部剖】按钮如图9-67所示。

（2）在弹出的【局部剖】菜单中有4个【图标】，第一个为【局部剖-选择源视图步骤】，选择将用于绘制除料轮廓的图纸视图，把鼠标移至【左视图】上时，【左视图】轮廓线变为红色后单击，之后进入第二个图标【局部剖-轮廓步骤】，为除料定义轮廓，在主视图的上半部分画一个封闭的矩形条后单击【关闭局部剖】，如图9-68所示。

（3）进入第三个图标【局部剖-深度步骤】，制定除料深度，在【主视图】中选择除料深度为一半，即除料到中心孔的中心，如图9-69所示。

（4）最后进入第四个图标【局部剖-选择目标视图步骤】，定义将要应用除料的图纸视图，单击【左视图】后完成半剖视图，如图9-70所示。

图 9-67 "局部剖"

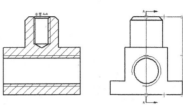

图 9-68 绘制剖切轮廓

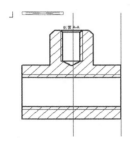

图 9-69 除料深度

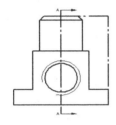

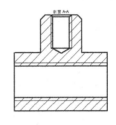

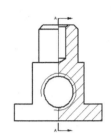

图 9-70 完成半剖视图

9.2.5 绘制局部放大图

（1）选择【主页】选项卡【图纸视图】区域中的 ⌀ 【局部放大图】命令，系统自动弹出【局部放大图】命令条，如图 9-71 所示。

图 9-71 "局部放大图"命令条

（2）在【局部放大图】命令条中的【比例】下拉菜单中可以选择放大比例，本图选择【2:1】选项。

（3）绘制剖切范围。在【局部放大图】命令条中保证 ◯ 按钮高亮，在视图中单击一点作为圆心，然后再单击另一点绘制图 9-72 所示的圆作为剖切范围。

（4）放置视图。选择合适的位置单击以放置局部放大图，完成局部放大操作，结果如图 9-73 所示。

9.2.6 标注中心线

（1）选择【主页】菜单中【注释】菜单栏中的 ⸙ 【中心线】按钮，它由两点或者两条线手动创建中心线，如图 9-74 所示。

（2）创建完成中心线如图 9-75 所示。

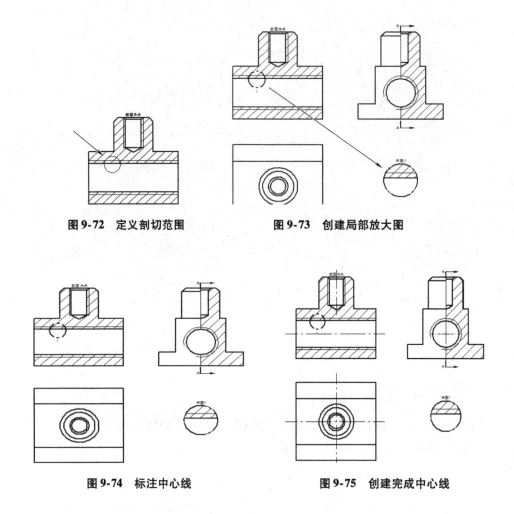

图 9-72 定义剖切范围   图 9-73 创建局部放大图

图 9-74 标注中心线   图 9-75 创建完成中心线

9.2.7 标注简单尺寸

（1）工程图中的【标注】和二维图中的【标注】有很大的相似之处，单击【主页】菜单栏中的【尺寸】菜单下的 [图标] 【智能尺寸】按钮，首先标注视图中的简单尺寸，主视图如图 9-76 所示。

（2）主视图中简单尺寸标注完成如图 9-77 所示。

（3）左视图如图 9-78 所示。

（4）左视图中简单尺寸标注完成如图 9-79 所示。

（5）俯视图如图 9-80 所示。

（6）俯视图中简单尺寸标注完成如图 9-81 所示。

（7）接下来标注圆孔尺寸。首先标注左视图凸台直径，单击【主页】选项卡【尺寸】区域中的 [图标] 【智能尺寸】按钮，再依次单击左侧边和右侧边，放置合适的位置，如图 9-82 所示。

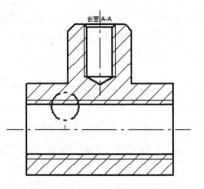

图 9-76 标注主视图简单尺寸

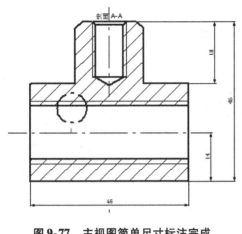

图 9-77　主视图简单尺寸标注完成

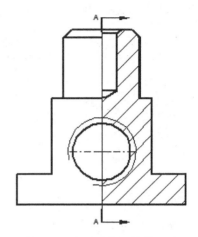

图 9-78　标注左视图简单尺寸

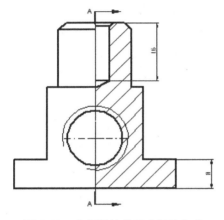

图 9-79　左视图简单尺寸标注完成

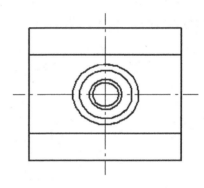

图 9-80　标注俯视图简单尺寸

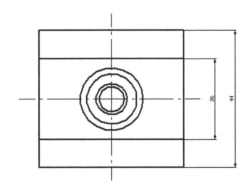

图 9-81　俯视图简单尺寸标注完成

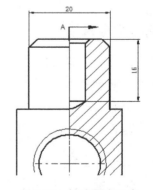

图 9-82　标注圆孔尺寸

（8）但并没有看到直径 Φ 的标志。单击 🔳【选择-启用前缀】按钮和 📝【选择-前缀】按钮，弹出如图 9-83 所示的【尺寸前缀】窗口，在【尺寸前缀】中的【前缀】中添加【特殊字符】Φ，单击【确定】按钮。

（9）标注圆孔成功如图 9-84 所示。

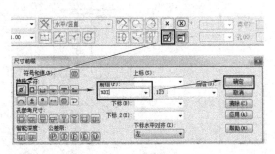

图 9-83 "尺寸前缀"窗口

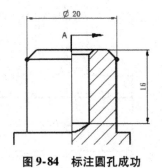

图 9-84 标注圆孔成功

9.2.8 标注倒角尺寸

（1）单击【主页】选项卡【尺寸】区域中的 ✗·× 【倒斜角尺寸】命令，系统自动弹出【倒斜角尺寸】命令条，在【尺寸方位】下拉列表中选择【沿轴】选项。

（2）在系统【单击尺寸基线】的提示下，先选择边线为尺寸基线，然后选择如图 9-85 所示的线为测量对象，在合适的位置放置尺寸，结果如图 9-86 所示。

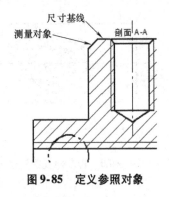

图 9-85 定义参照对象　　　　图 9-86 倒角尺寸标注

9.2.9 标注公差尺寸

（1）左视图的凸台需要标注公差尺寸。单击 Φ20 的尺寸，在上方自动弹出命令条单击 ✗ 【选择-尺寸类型】按钮，在弹出的下拉条中选择【单位公差】选项，如图 9-87 所示。

（2）在上面的符号确保为 ＋ 、下面的符号确保为 － 时，在 ＋ 后面的框里输入值 0，在 － 后面的框里输入值 0.027，如图 9-88 所示，结果如图 9-89 所示。

（3）标注主视图中的螺纹外径与螺纹内径。由于是对称

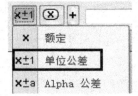

图 9-87 "尺寸类型"下拉条

直径，因此单击【主页】菜单栏中【尺寸】区域中的 ▊▊ 【对称直径】命令，系统弹出【对称直径】命令条，在【尺寸方位】下拉列表中选择【水平/竖直】选项。先选择如图 9-90 所示的中心线，然后选择边线为测量对象，在合适的

位置放置，最后可以选择 【选择-直径-一半-完整】按钮，将对称直径选择为显示一半或者选择完整。

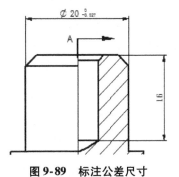

图 9-88 输入上下偏差值

图 9-89 标注公差尺寸

（4）按照上述步骤3把螺纹的内径标注出来，如图 9-91 所示。

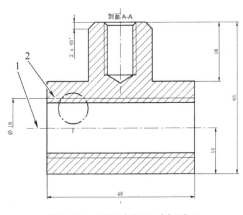

图 9-90 对称直径尺寸标注 1

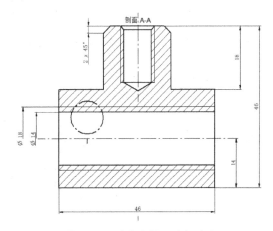

图 9-91 对称直径尺寸标注 2

（5）标注 Φ18 与 Φ14 的公差尺寸。单击 Φ18 的尺寸，在上方自动弹出命令条，单击 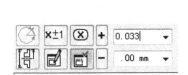【选择-尺寸类型】，在弹出的下拉条中选择【单位公差】选项，在上面的符号确保为 ⊕、下面的符号确保为 ⊖ 时，在 ⊕ 后面的框里输入值 0.033，在 ⊖ 后面的框里输入值 0，如图 9-92所示，结果如图 9-93 所示。

图 9-92 输入上下偏差值

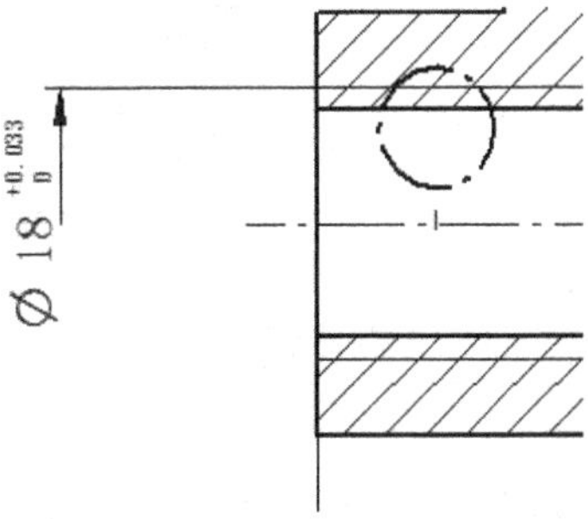

图 9-93 标注公差尺寸

(6) 单击 $\Phi 14$ 的尺寸。在上方自动弹出命令条，单击 ⊠【选择-尺寸类型】，在弹出的下拉条中选择【单位公差】选项，在上面的符号确保为 ⊟、下面的符号确保为 ⊟ 时，在上面的 ⊟ 后面的框里输入值 0.02，在 ⊟ 后面的框里输入值 0.034，如图 9-94 所示，结果如图 9-95 所示。

图 9-94　输入上下偏差值

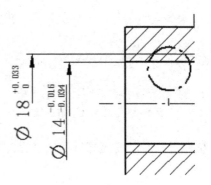

图 9-95　标注公差尺寸

9.2.10　标注粗糙度

(1) 单击【主页】选项卡【注释】区域中的 ⊻【表面纹理符号】命令，系统弹出【表面纹理符号】命令条和【表面纹理符号属性】对话框，如图 9-96 所示。

图 9-96　"表面纹理符号属性"对话框

(2) 在【表面纹理符号属性】对话框中设置如图 9-97 所示参数，然后单击 确定 按钮。

(3) 确认【表面纹理符号】命令条后鼠标单击选择如图 9-98 所示的边线，然后放置在合适的位置。

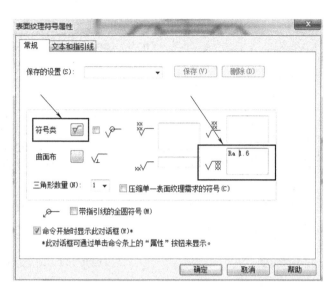

图 9-97　设置粗糙度参数

（4）当标注如图 9-99 所示的边线时，首先需要添加一个【连接线】。单击【主页】选项卡【注释】区域中的 ↳【连接线】按钮，在所在位置添加额外的连接线，然后再标注粗糙度，在合适的位置上用鼠标左键单击【确定】按钮。

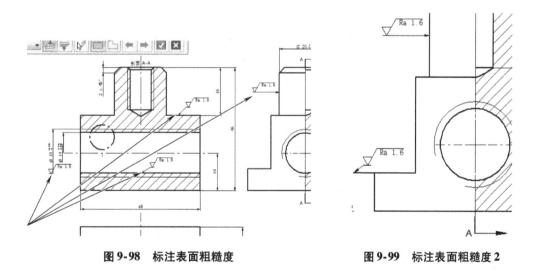

图 9-98　标注表面粗糙度　　　　　　　图 9-99　标注表面粗糙度 2

（5）由于没有指在边线上，所以显示的端符类型是【点】。鼠标右击尺寸，选择【属性】，在弹出的【表面纹理符号属性】对话框中单击【文本和指引线】，在【端符】区域中的【类型】下拉选项中选择【箭头-实心】选项，如图 9-100 所示。

（6）标注其余的粗糙度。在【表面纹理符号属性】对话框中设置如图 9-101 所示的参数，然后单击 确定 按钮。

（7）在图纸的右下角合适的位置单击放置其余粗糙度，如图 9-102 所示。

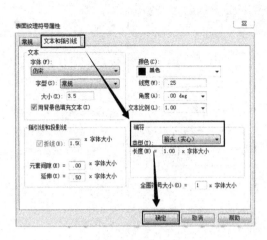

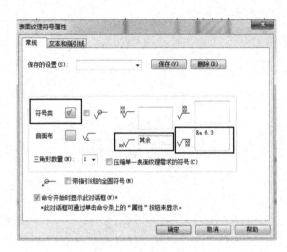

图 9-100　指引线设置　　　　　　　　　图 9-101　设置粗糙度参数

9.2.11　标注螺纹孔规格

（1）在尺寸添加前缀和后缀可以标注螺纹孔规格。单击【主页】选项卡【尺寸】区域中的 【智能尺寸】按钮，单击 【选择-启用前缀】按钮和 【选择-前缀】按钮，弹出如图 9-103 所示的【尺寸前缀】窗口，在图中【尺寸前缀】中的【前缀】中添加【M】，在【后缀】中添加【X1-6H】，单击【确定】按钮。

（2）完成后如图 9-104 所示。

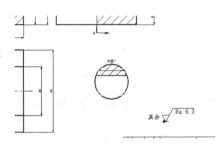

图 9-102　其余粗糙度

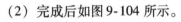

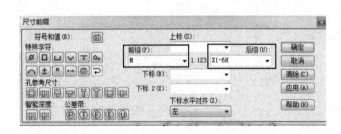

图 9-103　"尺寸前缀"窗口

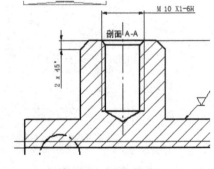

图 9-104　螺纹孔规格

9.2.12　书写文本

（1）单击【主页】选项卡【注释】区域中的 命令，系统上方弹出命令条，将文本大小调整为【2.00】，如图 9-105 所示。

图 9-105　调整文本大小

（2）系统弹出【基准框】命令条，在图形区域右上角单击一点放置注释文本，输入如图 9-106 所示的注释文本。

图 9-106　输入文本

（3）至此，工程图已绘制完毕，如图 9-107 所示。

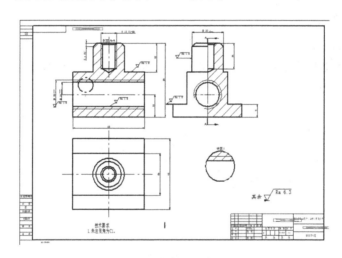

图 9-107　绘制完成的工程图

9.3　螺杆工程图实例

本例将生成一个螺杆（图 9-108）的工程图，如图 9-109 所示。本实例使用的功能有绘制截面视图、绘制局部剖、绘制草图、标注中心线、标注简单尺寸、标注公差尺寸、标注倒角尺寸、标注粗糙度、标注销孔尺寸。

9.3.1　建立工程图前的准备工作

（1）启动中文版 SolidEdge ，选择 【应用程序按钮】后选择【打开】命令，在弹出的【打开】对话框中选择【螺杆零件图.par】。

图 9-108　螺杆零件模型

179

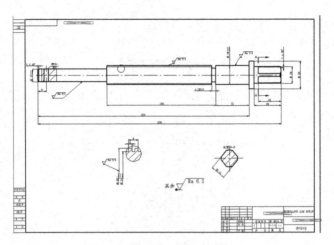

图 9-109　螺杆零件工程图

（2）新建工程图。在欢迎界面中的【创建】区域中选择【GB 公制工程图】选项，即可进入工程图工作环境。

（3）设置工程图环境。单击 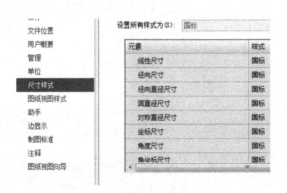 【应用程序按钮】后再单击【SolidEdge 选项】命令，弹出【SolidEdge 选项】对话框，在【尺寸样式】选项中可以设置各种尺寸的样式，如【国标】选项，如图 9-110 所示。

图 9-110　"SolidEdge 选项"对话框 1

（4）在【SolidEdge 选项】对话框中的【边显示】选项中可以设置边的样式，如在何种视图中可见何种边、是否隐藏等，一般情况下设置如图 9-111 所示的选项。

（5）在【SolidEdge 选项】对话框中的【制图标准】中设置如图 9-112 所示的选项。

（6）在【SolidEdge 选项】对话框中的【注释】中设置如图 9-113 所示的选项。

9.3.2　插入视图

（1）单击【主页】菜单栏下【图纸视图】中的【视图向导】按钮，弹出【选择模型】对话框，在【查找范围】中找到【螺母零件图】所在文件夹，并选择【螺母零件图】后单击【打开】按钮，如图 9-114 所示。

图 9-111　"SolidEdge 选项" 对话框 2

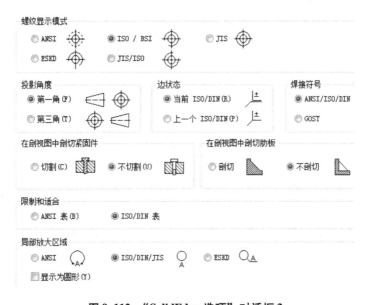

图 9-112　"SolidEdge 选项" 对话框 3

（2）打开【螺杆零件图】后在上方弹出的菜单栏中单击 ▣【视图向导-图纸视图布局】按钮，在【主视图】框下选择【用户定义】后单击【定制】按钮，如图 9-115 所示。

（3）在弹出的【定制方向】中，用鼠标左键拖动【零件】到想要放置的方位，也可以单击菜单栏中 ⊞【常规视图】按钮，可以精确地调整视图视角，如图 9-116 所示移动到如图 9-117 所示，再单击【关闭】按钮。

☑ 显示局部放大图边界 (B)

☐ 在视图创建过程中调入尺寸 (V)

☑ 为调入尺寸保持关联 (E)

☑ 包含模型视图中的 PMI 尺寸

☑ 包含模型视图中的 PMI 注释

☑ 显示管件中心线 (U)

☑ 显示飞行线 (O)

　　　　飞行线样式 (X)：　[Phantom ▼]

☑ 显示边界边 (W)

　　　　边界边样式 (Y)：　[Normal ▼]

☐ 在 "只显示剖面" 剖视图中显示螺纹

标题 ────────────────

☐ 如果父级注释（如切割平面）和派生视图（如剖视图）不在同一图纸页上，则显示图纸页号 (P)

☐ 如果不同于图纸页比例，则显示图纸视图比例 (A)

☐ 如果旋转了图纸视图，则显示旋转角度 (R)

图 9-113　 "SolidEdge 选项" 对话框 4

图 9-114　选择模型

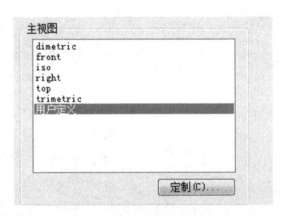

图 9-115　主视图定义

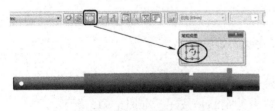

图 9-116　初始方向

图 9-117　调整后方向

（4）因为本零件属于轴类零件，所以主要结构只需要一个主视图就足够了，因此创建本工程图在【图纸视图创建向导】中，在【主视图】中选择设置的【用户定义】选项，默认只打开主视图，再单击【确定】按钮，如图 9-118 所示。

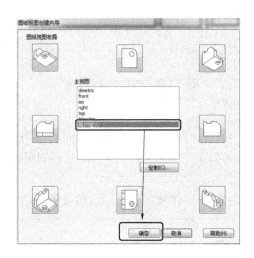

图 9-118　选择所需视图

（5）单击图纸的适当位置可放置零件到工程图纸上，如图 9-119 所示。

（6）单击三视图中的任何视图可以弹出上方显示如图 9-120 所示的对话框，在【比例值】中可以随意修改比例值的大小，为了适合图纸的大小，调整【比例值】为【2:1】，如图 9-120 所示。

图 9-119　放置视图　　　　　　　　　　　图 9-120　修改"比例值"

9.3.3　绘制截面视图

（1）创建切割平面。选择【主页】选项卡【图纸视图】区域中的【切割平面】命令，系统弹出【切割平面】命令条。

（2）单击图形区的图纸视图，绘制如图 9-121 所示的直线作为剖切线，然后单击【关闭切割平面】按钮返回前一个环境。

（3）定义视图方向。在所绘制的直线右侧单击，完成方向的定义。如图 9-122 所示。

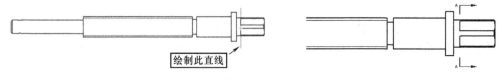

图 9-121　绘制剖切线　　　　　　　　　　图 9-122　定义视图方向

（4）创建剖视图。选择【主页】选项卡【图纸视图】区域中的【剖视图】命令，系统弹出【剖视图】命令条，选取刚刚绘制的剖切线，在【剖视图】命令条中单击【只显示剖面】按钮，此时在图形区域显示截面视图的预览图。

（5）放置视图。选择合适的位置单击，生成剖视图，结果如图 9-123 所示。

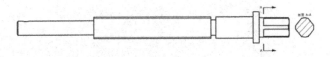

图 9-123　创建完成剖视图

（6）由于轴类零件长宽比太大，所以剖视图放在主视图的右侧不是很合理，应该把剖视图挪到主视图的下面。由于主视图与剖视图默认对齐关系，首先解除对齐关系。鼠标右击剖视图，选择【删除对齐】选项，再单击主视图与剖视图对齐的虚线，如图 9-124 所示。

（7）这时即可使用鼠标左键任意挪动截面视图，放置在合适的位置，如图 9-125 所示。

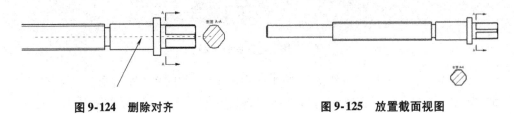

图 9-124　删除对齐　　　　　　　　　　　图 9-125　放置截面视图

9.3.4　绘制局部剖

（1）【局部剖】命令一般来说由两个视图完成比较容易，所以首先添加一个【螺杆零件图】的俯视图。单击【主页】选项卡【图纸视图】区域的【主视图】按钮，在主视图下面即可放置一个俯视图作为附加工具，如图 9-126 所示。

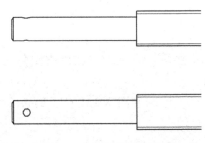

图 9-126　添加辅助俯视图

⭐ **注意**：Ctrl + T 俯视；Ctrl + B 仰视；Ctrl + J 正二轴测图；Ctrl + I 正等测；Ctrl + H 将一般绘制草图平面正视；Ctrl + F 主视图；Ctrl + L 左视图；Ctrl + R 右视图。

（2）单击【主页】选项卡【图纸视图】区域的【局部剖】按钮，系统自动弹出【局部剖】命令条。

（3）单击主视图作为剖切图，用默认的【直线】绘制如图 9-127 所示的封闭曲线作为剖切范围，然后单击【关闭局部剖】按钮返回前一环境。

（4）定义深度参考。在俯视图中选择图 9-128 所示的圆心作为深度参考。

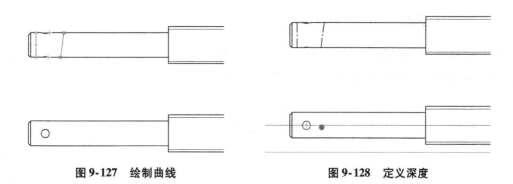

图 9-127　绘制曲线　　　　　　　　　图 9-128　定义深度

（5）定义要剖切的图纸视图。在图形区选择主视图为创建局部剖的图纸视图，最后删除辅助的俯视图，完成操作，结果如图 9-129 所示。

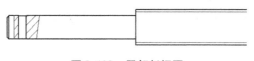

图 9-129　局部剖视图

9.3.5　绘制草图

（1）本功能将表达出外螺杆中部的螺纹情况，因此采用局部放大图不能完全达到满意的效果，所以采用【绘制草图】功能来实现。

（2）单击【绘制草图】选项卡中【绘图】区域的圆，在螺纹上画一个圆圈，用来标注放大的位置，如图 9-130 所示。

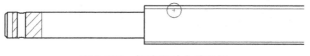

图 9-130　标注所放大的位置

（3）在下面空白区域画出如图 9-131 所示的图形，以表达螺纹形状。

（4）填充剖面线。单击【绘制草图】选项卡中【绘图】区域的 ▨ 【填充】按钮，在下拉菜单选择【normal】选项，并单击如图 9-132 所示区域，完成剖面线绘制。

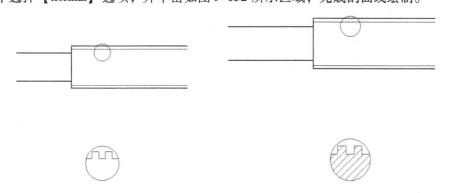

图 9-131　绘制放大视图　　　　　　　　图 9-132　绘制剖面线

9.3.6 标注中心线

（1）选择【主页】选项卡中【注释】区域中的 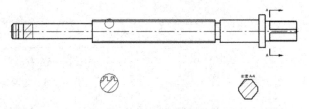【自动创建中心线】按钮，系统弹出【自动创建中心线】命令条，单击主视图，系统自动标注中心轴线如图 9-133 所示。

图 9-133 自动创建中心线

（2）选择【主页】选项卡中【注释】区域中的 【中心线】按钮，它由两点或者两条线手动创建中心线。手动绘制中心线，如图 9-134 所示。

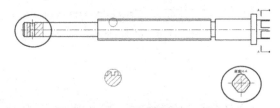

图 9-134 手动创建中心线

> ★**注意:** SolidEdge 中还有三个命令可以创建中心线： 【中心线】按钮， 【中心标记】，还有一个是 【自动创建中心线】按钮。虽然后两个命令可以很快绘制出中心线，但是有时并不是我们想要的结果，所以大多时候我们选择手动绘制中心线更为妥当。

9.3.7 标注简单尺寸

（1）工程图中的【标注】和二维图中的【标注】有很大的相似之处。单击【主页】菜单栏中的【尺寸】菜单下的 【智能尺寸】按钮，首先标注主视图中的简单尺寸，如图 9-135 和图 9-136 所示。

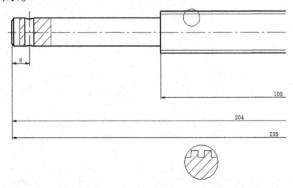

图 9-135 标注主视图简单尺寸 1

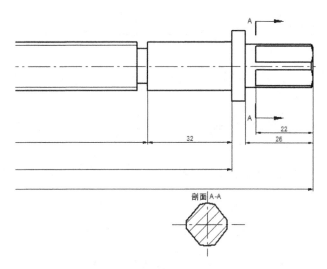

图 9-136 标注主视图简单尺寸 2

（2）放大视图中简单尺寸标注，如图 9-137 所示。

（3）接下来标注圆孔尺寸。首先标注主视图直径，单击【主页】选项卡【尺寸】区域中的 ✎【智能尺寸】按钮，再依次单击上边和下边，放置在合适的位置，如图 9-138 所示。

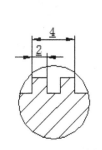

图 9-137 放大视图简单尺寸

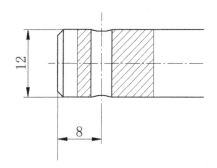

图 9-138 标注圆孔尺寸

（4）单击 ▣【选择-启用前缀】按钮和 ✎【选择-前缀】按钮，弹出如图 9-139 所示的【尺寸前缀】窗口，在【尺寸前缀】中的【前缀】中添加【特殊字符】【Φ】，单击【确定】按钮。

（5）圆孔标注成功，如图 9-140 所示。

（6）标注其余孔，如图 9-141 所示。

（7）标注剖面 A-A 的截面尺寸，想表达出截面为正方形的意思。单击【主页】选项卡中【尺寸】项目下 ⯈【间距】按钮，选择对称的两条边线，单击 ▣【选择-启用前缀】按钮和 ✎【选择-前缀】按钮，弹出如图 9-142 所示的【尺寸前缀】窗口，在图中【尺寸前缀】中的【前缀】中添加【特殊字符】 □，单击【确定】按钮。

（8）在合适的位置放置尺寸，如图 9-143 所示。

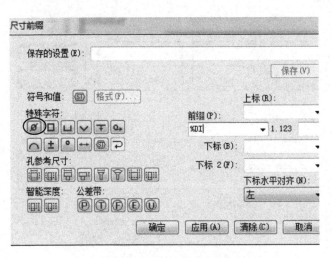

图 9-139 "尺寸前缀"对话框

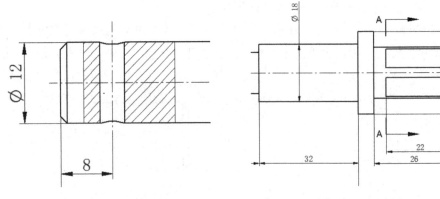

图 9-140 标注圆孔成功   图 9-141 标注其余孔尺寸

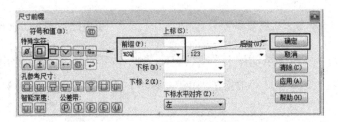

图 9-142 标注正方形尺寸

（9）标注对称直径。标注螺纹放大图的对称直径尺寸，选择【主页】选项卡中【尺寸】区域中的 ⬚【对称直径】命令。需要中心线和一条边才能实现标注。由于本图是手工绘制的，没有中心线，因此首先需要标注一下中心线的位置，单击【绘制草图】选项卡中【绘图】区域中的 ／【直线】命令，在局部放大图下面简单画一个短直线，如图 9-144所示。

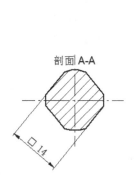

图 9-143 标注正方形截面图

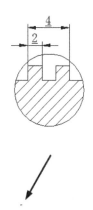

图 9-144 画辅助中心线

（10）单击【主页】选项卡中【尺寸】区域中的 ⊞【对称直径】命令，单击刚画的辅助中心线，再单击标注的位置，标注出螺纹大径和螺纹小径，最后可以选择 ⊞【选择-直径-一半-完整】按钮，将对称直径选择为显示一半或者选择完整，如图 9-145 所示。

（11）标注长度为 4、直径为 13 的中间夹轴的尺寸。单击【主页】选项卡【尺寸】区域中的 ↗【智能尺寸】按钮，再依次单击左边和右边，单击 ⊞【选择-启用前缀】按钮和 ⊞【选择-前缀】按钮，在【尺寸前缀】中的【后缀】中添加 XΦ13，单击【确定】按钮，如图 9-146 所示。

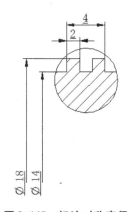

图 9-145 标注对称直径

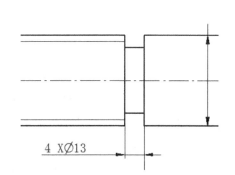

图 9-146 标注特殊直径尺寸

9.3.8 标注公差尺寸

（1）主视图的左侧 Φ12 需要标注公差尺寸。单击 Φ12 的尺寸，在上方自动弹出命令条，单击 ⊠【选择-尺寸类型】按钮，在弹出的下拉条中选择【单位公差】选项，如图 9-147 所示。

（2）上面的符号确保为 ⊟，下面的符号确保为 ⊟。在下面的 ⊟ 后面的框里输入值 0.034，在上面的 ⊟ 后面的框里输入值 0.016，结果如图 9-148 所示。

图 9-147 "尺寸类型"下拉条

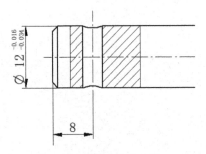

图 9-148 标注公差尺寸 1

（3）按照之前的步骤标注余下的公差尺寸，如图 9-149 和图 9-150 所示。

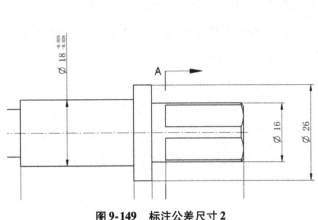

图 9-149 标注公差尺寸 2

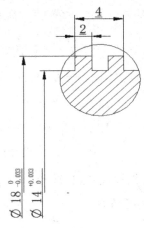

图 9-150 标注公差尺寸 3

9.3.9 标注粗糙度

（1）单击【主页】选项卡【注释】区域中的 ⊻【表面纹理符号】命令，系统弹出【表面纹理符号】命令条和【表面纹理符号属性】对话框，如图 9-151 所示。

（2）在【表面纹理符号属性】对话框中设置如图 9-152 所示的参数，然后单击 确定 按钮。

（3）确认【表面纹理符号】命令条后，鼠标单击选择如图 9-153 所示的边线，然后在合适的位置放置，如图 9-153 所示。

（4）标注其余的粗糙度。在【表面纹理符号属性】对话框中设置如图 9-154 所示参数，然后单击 确定 按钮。

（5）在图纸右下角合适的位置单击放置其余粗糙度，如图 9-155 所示。

9.3.10 标注倒角尺寸

（1）单击【主页】选项卡【尺寸】区域中的 ✗【倒斜角尺寸】命令，系统自动弹出【倒斜角尺寸】命令条，在【尺寸方位】下拉列表中选择【沿轴】选项。

图 9-151 "表面纹理符号属性"对话框

图 9-152 设置粗糙度参数

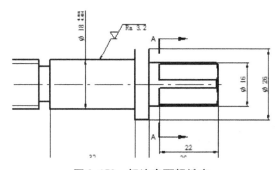

图 9-153 标注表面粗糙度

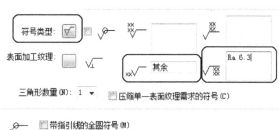

图 9-154 设置粗糙度参数

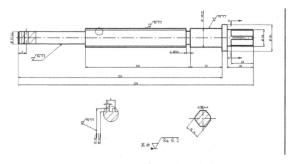

图 9-155 其余粗糙度

（2）在系统【单击尺寸基线】的提示下，先选择如图 9-156 所示的边线为尺寸基线，然后选择测量对象，在合适的位置放置尺寸，结果如图 9-157 所示。

（3）按照上述步骤 2 标注其余的倒角尺寸，如图 9-158 所示。

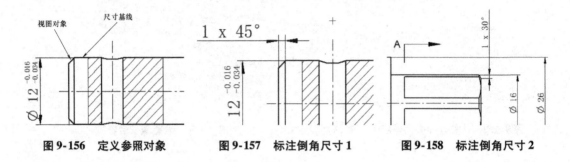

图 9-156　定义参照对象　　　　图 9-157　标注倒角尺寸 1　　　　图 9-158　标注倒角尺寸 2

9.3.11　标注销孔尺寸

（1）单击【主页】选项卡【注释】区域中的【指引线】命令，再单击弹出的【指引线】命令条中的【指引属性】，将【端符类型】改成【空白】，单击销孔中心区域，在合适的位置放置，如图 9-159 所示。

★ 注意：　"注释"时如果指在轮廓线上，此时指引线只能在轮廓线上移动，如果想任意移动需要按 Ctrl + Alt 组合键。

（2）单击【主页】选项卡【注释】区域中的 Ⓐ 命令，系统上方弹出命令条，将文本大小调整为【2.00】，如图 9-160 所示。

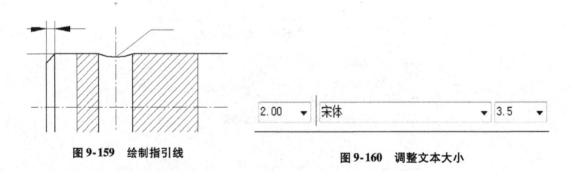

图 9-159　绘制指引线　　　　　　　　　　图 9-160　调整文本大小

（3）系统弹出【基准框】命令条，在图形区域右上角单击一点放置注释文本，如图 9-161 所示。

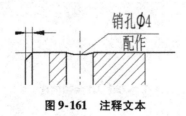

图 9-161　注释文本

（4）至此，工程图已绘制完毕，如图 9-162 所示。

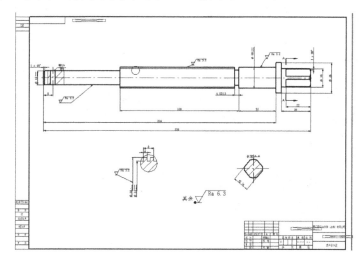

图 9-162　绘制完成的工程图

9.4　活动钳身工程图实例

本例将生成一个活动钳身零件（图 9-163）的工程图，如图 9-164 所示。本实例使用的功能有绘制全剖视图、绘制向视图、标注断裂视图、标注中心线、标注简单尺寸、标注公差尺寸、标注粗糙度、标注螺纹孔规格和书写文本。

图 9-163　活动钳身零件模型

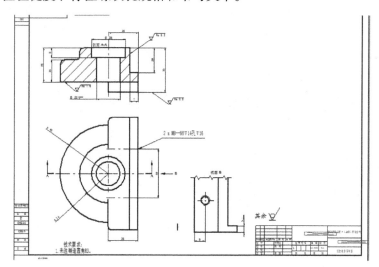

图 9-164　活动钳身零件工程图

9.4.1　建立工程图前的准备工作

（1）启动中文版 SolidEdge ，选择 【应用程序按钮】后选择【打开】命令，在弹出的【打开】对话框中选择【活动钳身零件图 . par】。

（2）新建工程图。在欢迎界面中的【创建】区域中选择【GB 公制工程图】选项，进入工程图工作环境。

9.4.2 插入视图

（1）单击【主页】菜单栏下【图纸视图】中的【视图向导】按钮，弹出【选择模型】对话框，在【查找范围】中找到【活动钳身零件图】所在文件夹，并选择【活动钳身零件图】后单击【打开】按钮，如图 9-165 所示。

图 9-165　选择模型

（2）打开【活动钳身零件图】后，在上方弹出的菜单栏中单击 🖵【视图向导-图纸视图布局】按钮，在【主视图】框下选择【用户定义】选项后单击【定制】按钮，如图 9-166 所示。

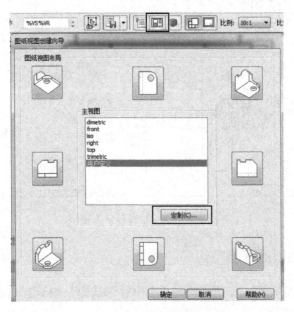

图 9-166　主视图定义

（3）在弹出的【定制方向】中，用鼠标左键将【零件】拖动到想要放置的方位，也可以单击菜单栏中 🔲【常规视图】按钮，可以精确地调整视图视角，如图 9-167 所示移动到图 9-168 所示位置，再单击【关闭】按钮。

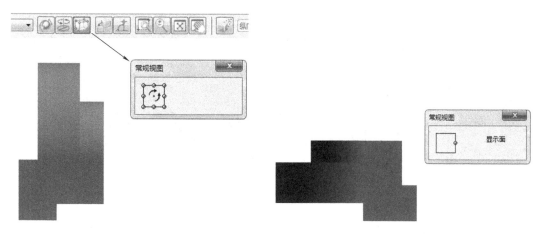

图 9-167　初始方向　　　　　　　　　　　　　　图 9-168　调整后方向

（4）在【图纸视图创建向导】中，在【主视图】中选择刚设置的【用户定义】选项，因为本工程图首先需要显示出主视图和俯视图，所以再额外选择一个 🔲，再单击【确定】按钮，如图 9-169 所示。

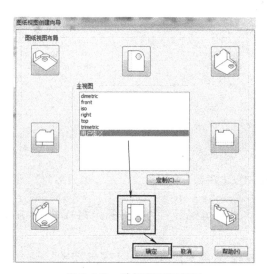

图 9-169　选择所需要视图

（5）单击图纸的适当位置可放置零件到工程图纸上，如图 9-170 所示。

（6）单击三视图中的任何视图可以弹出上方显示如图 9-171 所示的对话框，在【比例值】中可以随意修改比例值的大小，为了适合图纸的大小，调整【比例值】为【2∶1】，如图 9-171 所示。

图 9-170　放置视图　　　　　图 9-171　修改【比例值】

9.4.3　绘制全剖视图

（1）创建切割平面。选择【主页】选项卡【图纸视图】区域中的 切割平面 命令，系统自动弹出【切割平面】命令条，如图 9-172 所示。

（2）出现【切割平面】命令条后，单击图形区域的俯视图，系统自动进入【切割平面线】绘制环境，采用默认选择的直线绘图工具绘制如图 9-173 所示的直线作为剖切线。然后单击 【关闭切割平面】按钮，即可返回工程图环境。

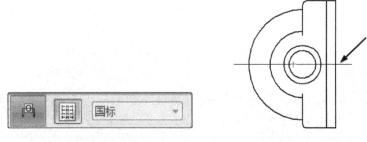

图 9-172　"切割平面"命令条　　　　图 9-173　绘制剖切线

（3）定义视图方向。在剖切线正上方单击，完成视图方向的定义，如图 9-174 所示。

（4）创建全剖视图。选择【主页】选项卡【图纸视图】区域中的 剖视图 命令，系统弹出【剖视图】命令条，如图 9-175 所示。

（5）选取上一步创建的切割的平面剖切线，然后选择合适的位置单击后自动生成全剖视图，如图 9-176 所示。

（6）把主视图的视图删除后，将所生成的全剖视图放置在原来主视图的位置，如图 9-177 所示。

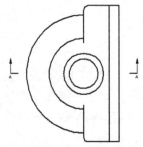

图 9-174　定义视图方向

图 9-175   "剖视图"命令条

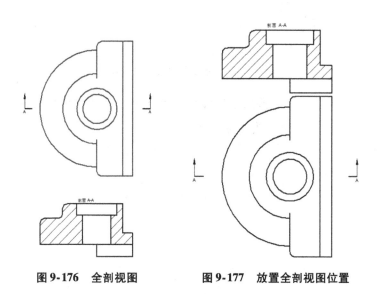

图 9-176   全剖视图   图 9-177   放置全剖视图位置

9.4.4   绘制向视图

（1）单击【主页】选项卡【图纸视图】区域的【向视图】按钮，系统自动弹出【向视图】命令条。

（2）单击如图 9-178 所示的边作为参考边线。

（3）在选取边线之后，在右侧的合适位置放置视图，如图 9-179 所示。

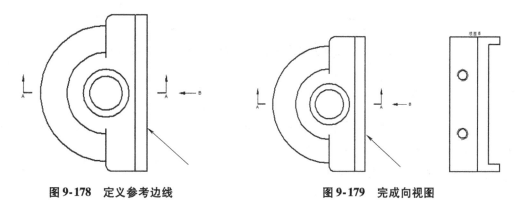

图 9-178   定义参考边线   图 9-179   完成向视图

9.4.5   绘制断裂视图

（1）由于视图上下对称，只需要一半即可反映所有的视图。在视图上右击，然后在系统弹出的菜单中选择【添加断裂线】命令，系统弹出图 9-180 所示的【添加断裂线】命令条。

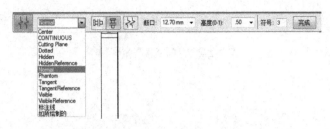

图 9-180 "添加断裂线"命令条

（2）设置断裂线属性。在【添加断裂线】命令条中单击【水平截断】按钮，在【添加断裂线】命令条中单击 ⊞ 按钮，然后在下拉列表中选择【长弯】选项。

（3）设置断裂线位置。移动鼠标在图纸上显示出一条直线，绘制第一条断裂线和第二条断裂线，如图 9-181 所示。

（4）单击【完成】按钮，完成绘制，如图 9-182 所示。

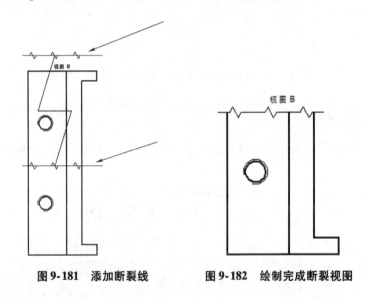

图 9-181 添加断裂线　　　图 9-182 绘制完成断裂视图

9.4.6 标注中心线

（1）选择【主页】菜单中【注释】菜单栏中的 ⍳ 【中心线】按钮，它由两点或者两条线手动创建中心线，如图 9-183 所示。

（2）创建完成中心线如图 9-184 所示。

9.4.7 标注简单尺寸

（1）工程图中的【标注】和二维图中的【标注】有很大的相似之处。单击【主页】菜单栏中的【尺寸】菜单下的 ⍂ 【智能尺寸】按钮，首先标注视图中的简单尺寸，主视图如图 9-185 所示。

（2）主视图中简单尺寸标注完成后如图 9-186 所示。

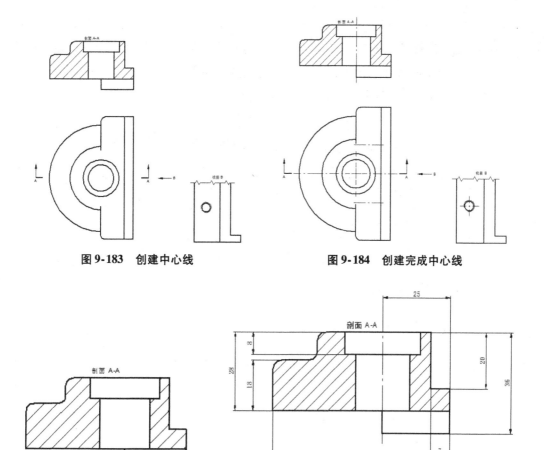

图 9-183　创建中心线　　　　　　　　图 9-184　创建完成中心线

图 9-185　标注主视图简单尺寸　　　　图 9-186　主视图简单尺寸标注完成

（3）俯视图中简单尺寸标注完成后如图 9-187 所示。

（4）断裂向视图中简单尺寸标注完成后如图 9-188 所示。

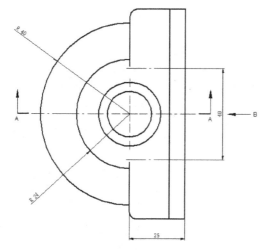

图 9-187　俯视图简单尺寸标注完成

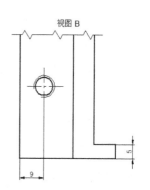

图 9-188　断裂向视图简单尺寸标注完成

（5）标注圆孔尺寸。首先标注左视图凸台直径，单击【主页】选项卡【尺寸】区域中的 【智能尺寸】按钮，再单击 【选择-启用前缀】按钮和 【选择—前缀】按钮，弹出如图9-189所示的【尺寸前缀】窗口，在【尺寸前缀】中的【前缀】中添加【特殊字符】【Φ】，单击【确定】按钮。

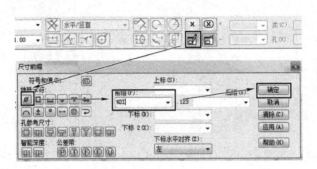

图 9-189　标注圆孔尺寸

（6）圆孔标注成功，如图9-190所示。

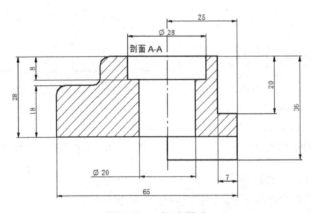

图 9-190　标注圆孔

9.4.8　标注公差尺寸

（1）单击标注剖视图的 Φ20 尺寸，在上方自动弹出【尺寸类型】命令条，单击 【选择-尺寸类型】按钮，在弹出的下拉条中选择【单位公差】选项，如图9-191所示。

（2）上面的符号确保为 ，下面的符号确保为 。在 后面的框里输入值 0.033，在 后面的框里输入值0，结果如图9-192所示。

（3）按照上述步骤 2 标注断裂向视图的公差尺寸。上面的符号确保为 ，下面的符号确保为 。在 后面的框里输入值 0，在 后面的框里输入值 0.35，结果如图9-193所示。

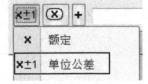

图 9-191　"尺寸类型"下拉条

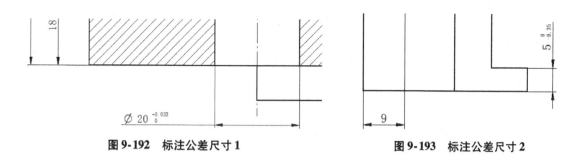

图 9-192 标注公差尺寸 1　　　　　　图 9-193 标注公差尺寸 2

9.4.9 标注粗糙度

（1）单击【主页】选项卡【注释】区域中的 √【表面纹理符号】命令，系统弹出【表面纹理符号】命令条和【表面纹理符号属性】对话框，如图 9-194 所示。

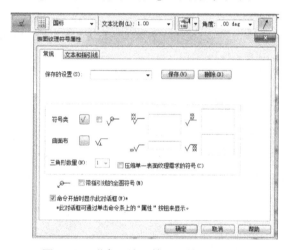

图 9-194 "表面纹理符号属性"对话框

（2）在【表面纹理符号属性】对话框中设置如图 9-195 所示参数，然后单击 确定 按钮。

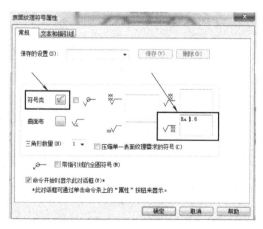

图 9-195 粗糙度参数

（3）确认【表面纹理符号】命令条后鼠标单击选择边线，然后放置在合适的位置，如图 9-196 所示。

（4）按照上述步骤 3 分别标注粗糙度 Ra3.2 和 Ra6.3，如图 9-197 所示。

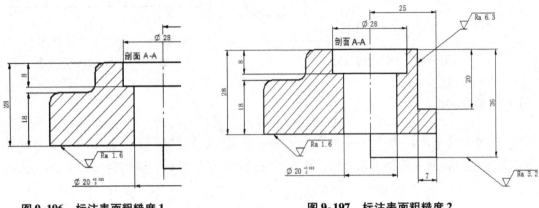

图 9-196　标注表面粗糙度 1　　　　　　图 9-197　标注表面粗糙度 2

（5）标注其余的粗糙度。在【表面纹理符号属性】符号类选择 ∜ 无材料移除 ，左侧填写【其余】，如图 9-198 所示。

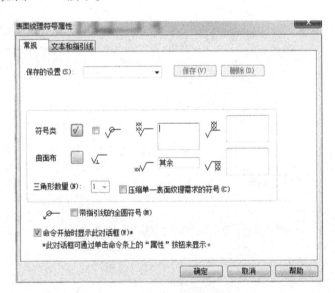

图 9-198　粗糙度参数

（6）在图纸的右下角合适的位置单击放置其余粗糙度，如图 9-199 所示。

9.4.10　标注螺纹孔规格

（1）标注螺纹孔尺寸。单击【主页】选项卡【注释】区域中的【指引线】按钮，绘制如图 9-200 所示的指引线。

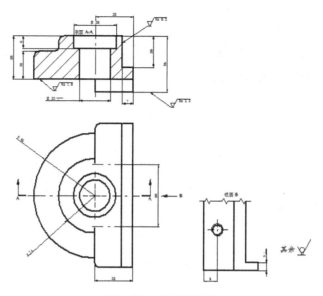

图 9-199　其余粗糙度

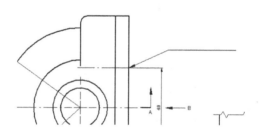

图 9-200　绘制指引线

★ 注意："注释" 时如果指在轮廓线上，此时指引线只能在轮廓线上移动，如果想任意移动，需要按 Ctrl + Alt 组合键。

（2）单击【主页】选项卡【注释】区域中的 **A** 命令，系统上方弹出命令条，在【尺寸线】上标注出 2 x M8－6H▽14孔▽16 （ⓈⓉ可添加特殊字符）如图 9-201 所示的孔尺寸。

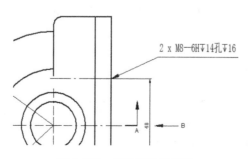

图 9-201　标注螺纹孔规格

9.4.11 书写文本

（1）单击【主页】选项卡【注释】区域中的A命令，系统上方弹出命令条，将文本大小调整为【2.00】，如图 9-202 所示。

国标
2.00
宋体
3.5

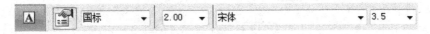

图 9-202　调整文本大小

（2）系统弹出【基准框】命令条，在图形区域右上角单击一点放置注释文本，输入如图 9-203 所示的注释文本。

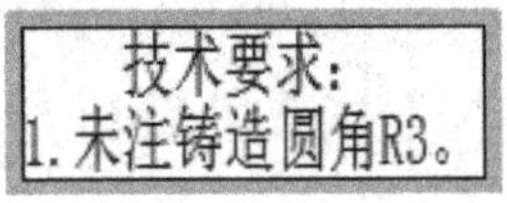

技术要求:
1.未注铸造圆角R3。

图 9-203　输入文本

（3）至此，工程图已绘制完毕，如图 9-204 所示。

2×M8—6H▽14孔▽16
技术要求:
1.未注铸造圆角R3。

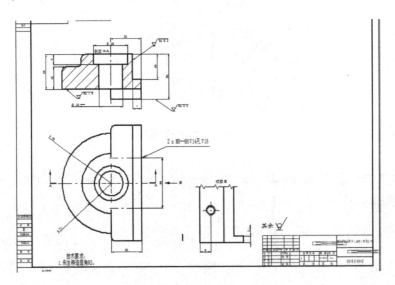

图 9-204　绘制完成的工程图

9.5　泵体工程图实例

图 9-205　泵体零件模型

本例将生成一个泵体（图 9-205）的工程图，如图 9-206所示。本实例使用的功能有绘制全剖视图、绘制局部剖视图、标注中心线、标注简单尺寸、标注公差尺寸、标注粗糙度、标注螺纹孔规格、标注形位公差和书写文本。

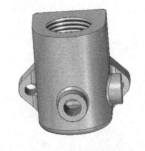

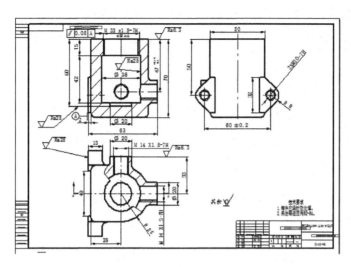

图 9-206 泵体零件工程图

9.5.1 建立工程图前的准备工作

（1）启动中文版 SolidEdge ，选择 【应用程序按钮】后选择【打开】命令，在弹出的【打开】对话框中选择【泵体零件图 . par】。

（2）新建工程图。启动中文版 SolidEdge 后，在欢迎界面中的【创建】区域中选择【GB 公制工程图】选项，进入工程图工作环境。

9.5.2 插入视图

（1）单击【主页】菜单栏下【图纸视图】中的【视图向导】按钮，弹出【选择模型】对话框，在【查找范围】中找到【泵体零件图】所在文件夹，并选择【泵体零件图】后单击【打开】按钮，如图 9-207 所示。

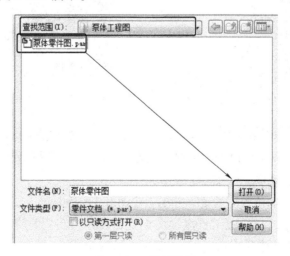

图 9-207 选择模型

（2）打开【泵体零件图】后，在弹出菜单栏中单击 ◳【视图向导-图纸视图布局】按钮，在【主视图】框下选择【用户定义】后单击【定制】按钮，如图9-208所示。

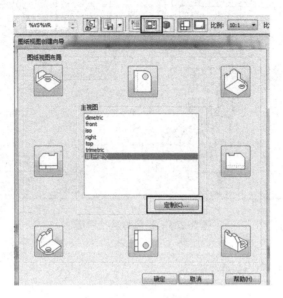

图9-208　主视图定义

（3）在弹出的【定制方向】中，单击菜单栏中 ▦ 【常规视图】按钮，可以精确地调整视图视角，如图9-209所示移动到图9-210所示，再单击【关闭】按钮。

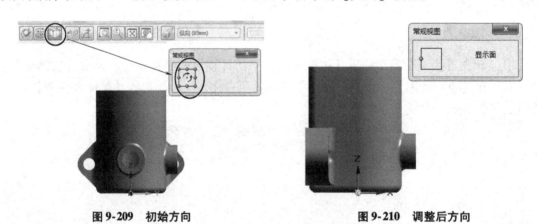

图9-209　初始方向　　　　　　　　　图9-210　调整后方向

（4）在【图纸视图创建向导】中，在【主视图】中选择刚设置的【用户定义】选项，因为本工程图首先需要显示出螺母零件图的三视图，所以再额外选择一个 ▢ 图标和一个 ▯ 图标，再单击【确定】按钮，如图9-211所示。

（5）单击图纸的适当位置可放置零件到工程图纸上，如图9-212所示。

（6）单击三视图中的任何视图可以弹出上方显示如图9-213所示的对话框，为了适合纸的大小，调成【比例值】为2。

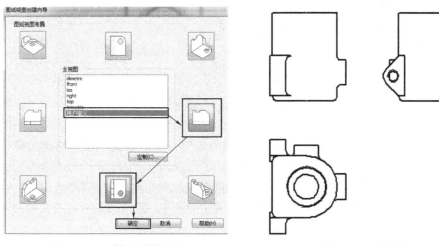

图 9-211　选择所需视图　　　　　　　　图 9-212　放置视图

图 9-213　修改【比例值】

9.5.3　绘制全剖视图

（1）创建切割平面。选择【主页】选项卡【图纸视图】区域中的 切割平面 命令，系统自动弹出【切割平面】命令条，如图 9-214 所示。

图 9-214　"切割平面"命令条

（2）弹出【切割平面】命令条后，单击图形区域的俯视图，系统自动进入【切割平面线】绘制环境，采用系统默认的直线绘图工具绘制如图 9-215 所示的直线作为剖切线。然后单击 ✖【关闭切割平面】按钮即可返回工程图环境。

（3）定义视图方向。在剖切线正上方单击，完成视图方向的定义，如图 9-216 所示。

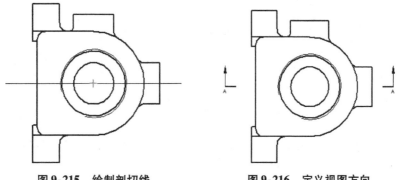

图 9-215　绘制剖切线　　　　　　　　图 9-216　定义视图方向

（4）创建全剖视图。选择【主页】选项卡【图纸视图】区域中的 剖视图 命令，系统弹出【剖视图】命令条，如图 9-217 所示。

图 9-217　"剖视图"命令条

（5）选取上一步创建的切割平面剖切线，然后选择合适的位置单击，自动生成全剖视图，如图 9-218 所示。

（6）把主视图的视图删除后，将所生成的全剖视图放置在原来主视图的位置。

（7）此时由于主视图被删除，俯视图成为【孤立状态】，即移动全剖视图，俯视图不会跟着此全剖视图一起移动，如图 9-219 所示。

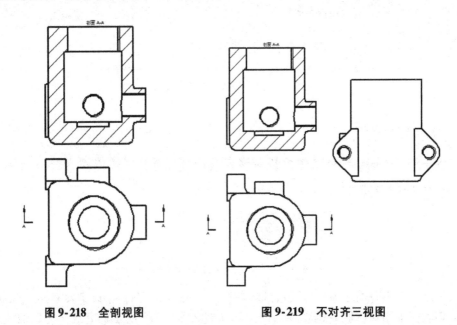

图 9-218　全剖视图　　　　　　图 9-219　不对齐三视图

（8）右键单击俯视图，选择【创建对齐】选项，系统自动弹出【创建对齐】对话栏（图 9-220），选择 【创建对齐-横向】按钮。

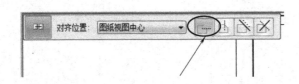

图 9-220　"创建对齐"对话栏

（9）再选择剖视图，如图 9-221 所示。单击【确定】按钮，效果如图 9-222 所示。

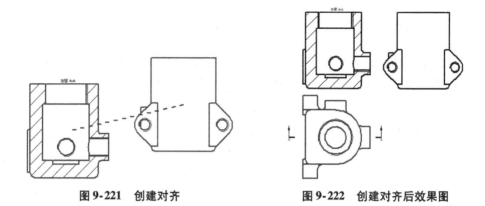

图 9-221　创建对齐　　　　　　　　图 9-222　创建对齐后效果图

9.5.4　绘制局部剖视图

（1）单击【主页】选项卡【图纸视图】区域的【局部剖】按钮，系统自动弹出【局部剖】命令条。

（2）单击俯视图作为剖切图，用【曲线】绘制如图 9-223 所示的封闭曲线作为剖切范围，然后单击【关闭局部剖】按钮返回前一环境。

（3）定义深度参考。在主视图中选择如图 9-224 所示的圆柱中心作为深度参考。

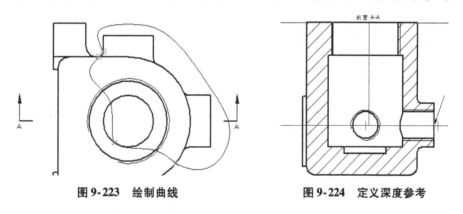

图 9-223　绘制曲线　　　　　　　　图 9-224　定义深度参考

（4）定义要剖的图纸视图。在图形区选择俯视图为创建局部剖的图纸视图，结果如图 9-225 所示。

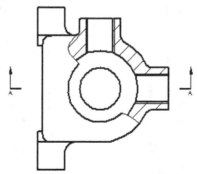

图 9-225　局部剖视图

9.5.5 标注中心线

(1) 选择【主页】选项卡中【注释】区域中的 ![btn] 【自动创建中心线】按钮，系统弹出【自动创建中心线】命令条，单击主视图，系统自动标注中心线如图 9-226 所示。

(2) 选择【主页】选项卡中【注释】区域中的 ![btn] 【中心线】按钮，它由两点或者两条线手动创建中心线，手动绘制中心线，如图 9-227 所示。

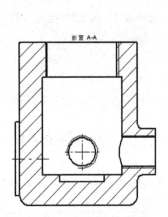

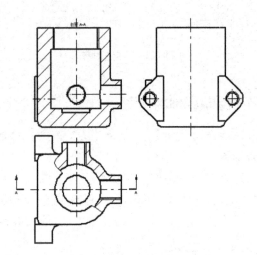

图 9-226　自动标注中心线　　　　　　　　图 9-227　手动绘制中心线

9.5.6 标注简单尺寸

(1) 工程图中的【标注】和零件图中的【标注】有很大的相似之处，单击【主页】菜单栏中的【尺寸】菜单下的 ![btn] 【智能尺寸】按钮，首先标注视图中的简单尺寸。

(2) 主视图中简单尺寸标注完成后如图 9-228 所示。

(3) 俯视图中简单尺寸标注完成后如图 9-229 所示。

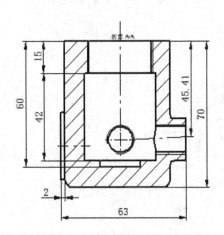

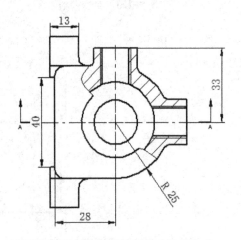

图 9-228　主视图简单尺寸标注完成　　　　　图 9-229　俯视图简单尺寸标注完成

（4）左视图中简单尺寸标注完成后如图 9-230 所示。

（5）标注圆孔尺寸。单击【主页】选项卡【尺寸】区域中的 📏【智能尺寸】按钮，再单击需要标注的直径尺寸，单击 🔲【选择-启用前缀】按钮和 🖉【选择-前缀】按钮，弹出如图 9-231 所示的【尺寸前缀】窗口，在【尺寸前缀】中的【前缀】中添加【特殊字符】【Φ】，单击【确定】按钮。

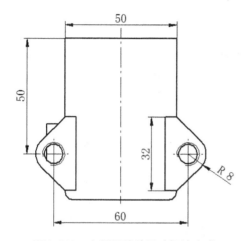

图 9-230 左视图简单尺寸标注完成

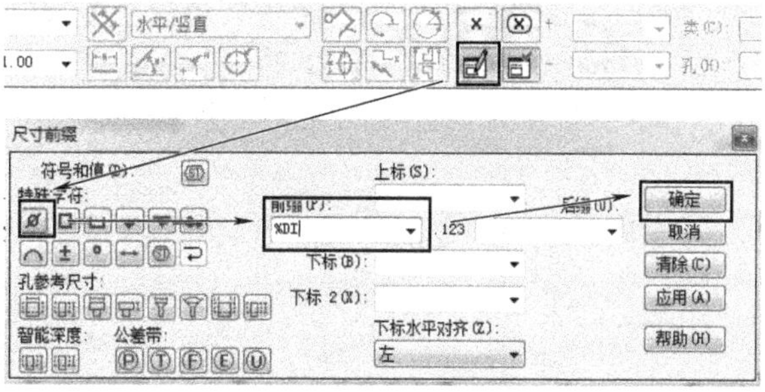

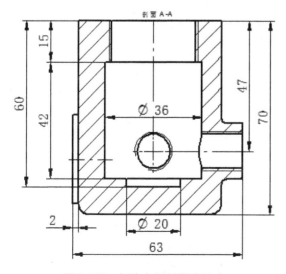

图 9-231 标注圆孔尺寸

（6）主视图标注 Φ20 和 Φ36 尺寸，如图 9-232 所示。

（7）俯视图标注两个 Φ20 尺寸，如图 9-233 所示。

9.5.7 标注公差尺寸

（1）标注公差尺寸。在上方自动弹出的命令条单击 ⊠【选择-尺寸类型】按钮，在弹出的下拉条中选择【单位公差】选项，如图 9-234 所示。

图 9-232 标注主视图圆孔尺寸

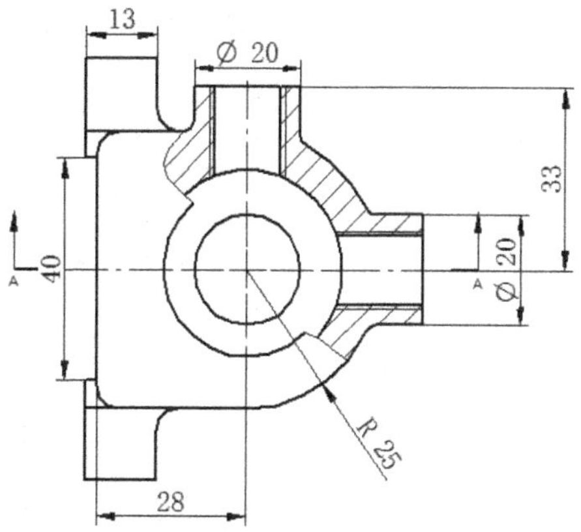

图 9-233 标注俯视图圆孔尺寸

（2）上面的符号确保为 ⊞，下面的符号确保为 ⊟。在 ⊞ 后面的框里输入值 0.15，在 ⊟ 后面的框里输入值 0.10，如图 9-235 所示，结果如图 9-236 所示。

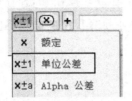

图 9-234 "尺寸类型"下拉条　　　　**图 9-235 输入上下偏差**

（3）按照之前的步骤，标注其余的公差尺寸，输入上下偏差，如图 9-237 所示。

（4）标注公差尺寸，结果如图 9-238 所示。

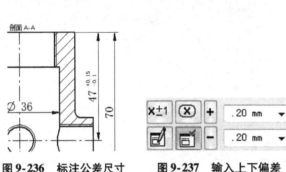

图 9-236 标注公差尺寸　　**图 9-237 输入上下偏差**　　**图 9-238 标注公差尺寸**

9.5.8 标注粗糙度

（1）单击【主页】选项卡【注释】区域中的 √ 【表面纹理符号】命令，系统弹出【表面纹理符号】命令条和【表面纹理符号属性】对话框。

（2）在【表面纹理符号属性】对话框中设置如图 9-239 所示参数，然后单击 确定 按钮。

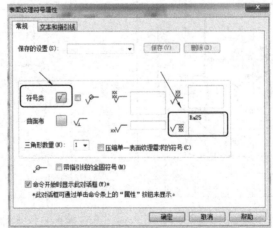

图 9-239 "表面纹理符号属性"对话框

（3）确认【表面纹理符号】命令条后单击鼠标选择边线，然后放置在合适的位置，如图 9-240 所示。

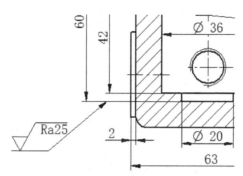

图 9-240 标注表面粗糙度

（4）按照之前的步骤标注主视图粗糙度，如图 9-241 所示。

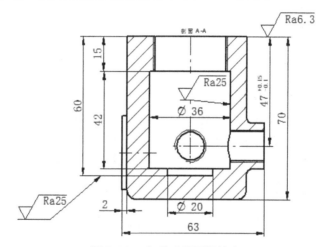

图 9-241 标注主视图粗糙度

（5）标注俯视图粗糙度，如图 9-242 所示。

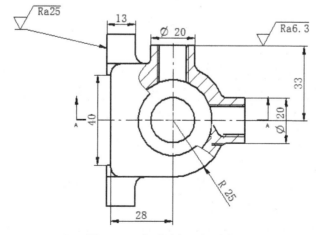

图 9-242 标注俯视图粗糙度

（6）标注其余的粗糙度。在【表面纹理符号属性】符号类选择 √ ┃ 无材料移除 ，左侧填写【其余】。

（7）在图纸的右下角合适的位置单击放置其余粗糙度，如图9-243所示。

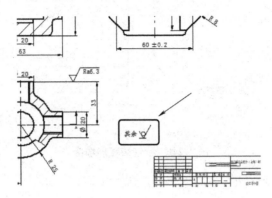

图9-243　其余粗糙度

9.5.9　标注螺纹孔规格

（1）标注螺纹孔规格就是手动在尺寸添加前缀和后缀。单击【主页】选项卡【尺寸】区域中的 【智能尺寸】按钮，单击 【选择-启用前缀】按钮和 【选择-前缀】按钮，在如图9-244所示图中的【尺寸前缀】中的【前缀】中添加【M】，在【后缀】中添加【×1.5-7H】，单击【确定】按钮。

图9-244　添加前缀和后缀

（2）标注后如图9-245所示。

（3）按照之前步骤标志出其余的螺纹孔规格，俯视图螺纹孔规格如图9-246所示。

（4）标注左视图的螺纹孔规格。SolidEdge中【智能尺寸】可自动识别圆孔尺寸并标注直径，并且直径【Φ】的标志不能去掉，如图9-247所示。

（5）单击Φ10尺寸，在上方自动弹出的命令条单击 ✕ 【选择-尺寸类型】按钮，在弹出的下拉条中选择【空白】选项，如图9-248所示。

（6）这时尺寸线上没有了自动识别的尺寸，如图9-249所示。

（7）添加螺纹孔规格。单击 【选择-启用前缀】按钮和 【选择-前缀】按钮，在【尺寸前缀】中的【后缀】中添加2XM10-7H，单击【确定】按钮，如图9-250所示。

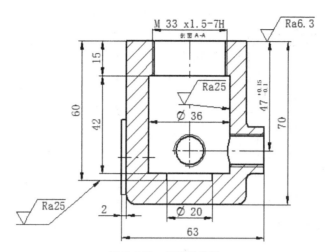

图 9-245 螺纹孔规格

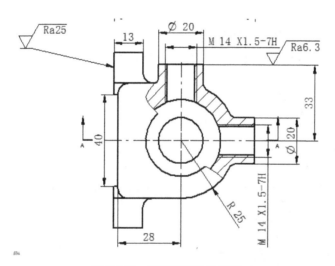

图 9-246 俯视图螺纹孔规格

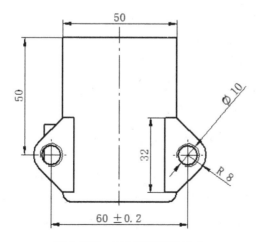

图 9-247 自动识别圆孔尺寸

×	额定
×±1	单位公差
×±a	Alpha 公差
h7	类
※	限制
×	基本
[×]	参考
	特征标注
×	空白

图 9-248 选择"空白"选项

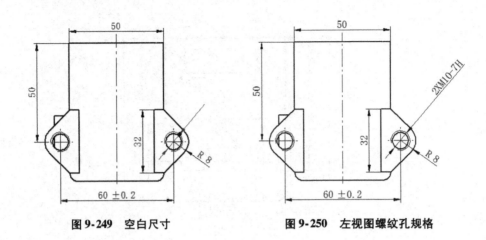

图 9-249　空白尺寸　　　　　　　　图 9-250　左视图螺纹孔规格

9.5.10　标注形位公差

（1）单击【主页】选项卡【注释】区域中的 【特征控制框】命令，系统弹出如图 9-251 所示的【特征控制框】命令条和如图 9-252 所示的【特征控制框属性】对话框。

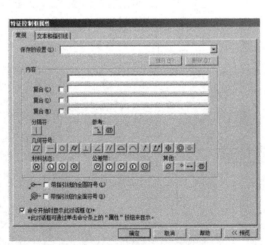

图 9-251　"特征控制框"命令条

图 9-252　"特征控制框属性"对话框

（2）设置公差符号的参数。在【特征控制框属性】对话框中单击【常规】选项卡，然后在【几何符号】区域单击 // 按钮，单击 | 【分隔符】按钮，在内容文本框输入值【0.05】，再次单击 | 【分隔符】按钮，在【内容】文本框输入【A】，单击【确定】按钮。

（3）设定指引线。在【特征控制框】命令条中确认 / 和 ↙ 按钮被按下，选择如

图 9-253 所示的边线为引线的放置点，选择适当的位置在图纸中单击，完成公差符号的创建。

（4）创建基准框。单击【主页】选项卡【注释】区域中的 回 命令，系统弹出【基准框】命令条，如图 9-254 所示。

（5）设置参数。在【基准框】命令条中的【文本】中输入【A】。

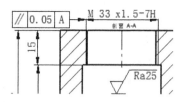

图 9-253　形位公差符号

图 9-254　"基准框"命令条

（6）放置基准特征符号。选择如图 9-255 所示的边线，在适当的位置处单击，完成操作。

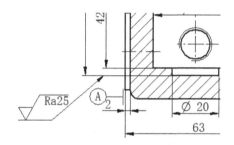

图 9-255　放置基准特征符号

9.5.11　书写文字

（1）单击【主页】选项卡【注释】区域中的 A 命令，系统上方弹出命令条，将文本大小调整为 2.0，如图 9-256 所示。

图 9-256　调整文本大小

（2）系统弹出【基准框】命令条，在图形区域右上角单击一点放置注释文本，输入如图 9-257 所示的注释文本。

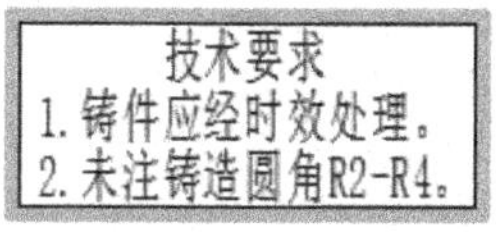

技术要求
1.铸件应经时效处理。
2.未注铸造圆角R2-R4。

图 9-257　输入注释文本

（3）至此，工程图已绘制完毕，如图 9-258 所示。

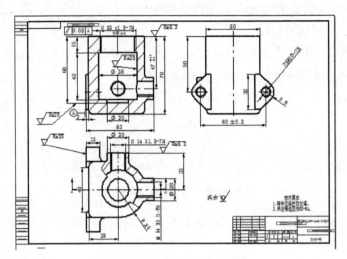

图 9-258　绘制完的工程图

9.5.12　保存文件

（1）常规保存。单击工具栏的 <kbd>🖫</kbd> 保存文件。

（2）保存为 CAD 格式。单击 <kbd>⊙</kbd> 菜单下的【另存为】按钮，弹出【另存为】对话框，如图 9-259 所示。

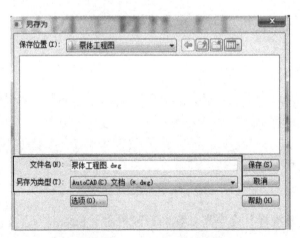

图 9-259　"另存为"对话框

（3）在【另存为类型】中选择【*.dwg】。

（4）单击对话框右下角 <kbd>选项(P)...</kbd>，弹出【SolidEdge 到 AutoCAD 转换向导】对话框，如图 9-260 所示。

（5）在此选项卡中可以选择输出 AutoCAD 的文件版本，线条样式建议选择 AUTOCAD 样式，在【下一页】还可以选择【模型空间比例选项】和【图纸页选项】。单击【完成】按钮后，再单击【保存】按钮，即可存为 dwg 格式。

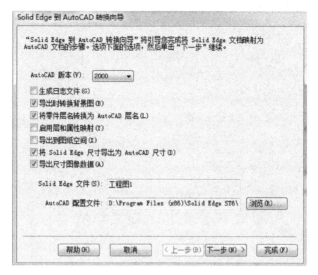

图 9-260 "SolidEdge 到 AutoCAD 转换向导"对话框